Deepen Your Mind

Deepen Your Mind

前言

本書所教授的社群炒作方法，是筆者從 1999 年經營社群至今，二十多年來的心得，如能善加利用，即可免除同業惡性檢舉和被拉低帳號權重，甚至被拉黑被鎖帳號的窘況。

此社群炒作的心法，是適用於 Facebook、Instagram、YouTube 和 mobile01…等等社群平台。從根本上來說社群平台的本質是相同，其差別主要是在功能性和經營理念上的不同，只要遵守各平台基本的遊戲規則，以本書所傳心法進行練功，即可攻無不破，為自己開創出數條社群行銷管道。

本書主要以 Facebook 社群平台來當範例說明，Instagram 和 YouTube 當然可以如法炮製。

Facebook 和 Instagram 是靠廣告主投放廣告為營收來源，Facebook 逐年調降粉專自然觸及率，多年來已經剩下不到 1%，相當於每百位按讚粉絲，頂多只有 1 人能看到粉專新貼文，如想讓所有按過讚的粉絲都看到貼文，就必須花大錢投放廣告才能搞定。如把粉絲改移到 YouTube 裡圈養，經營成本就會大不同，這是因為 YouTube 營收獲利模式是閱讀廣告，越多人看廣告，營收就越多，當然不會限制頻道訂閱者的觸及率，只要頻道一有新影片，訂閱者就會收到通知。因此，如要有效降低圈養粉絲的成本，就必須同時經營 YouTube 頻道，把 Facebook 粉絲導流到 YouTube 裡。

Facebook 加 Instagram 等於囊括全台灣各年齡層所有的受眾群，如欲免除層層經銷管道的獲利剝削，想快速取得較高的現金營收，選擇 Facebook 和 Instagram 進行廣告投放會是最佳選擇。但廣告主所投放的廣告內容，必須先取得受眾群的信任，才能轉化到完成最後的交易行為。想要取得受眾們的信賴，就需妥善經營 Facebook 粉專和 Instagram 商業帳號。否則，你只會被當成詐騙集團而已，根本不用再肖想拼現金轉化率。

談到這裡，各位應該會發現經營 Facebook（包含 Instagram，視為一體）、YouTube 和官網，三者是缺一不可，這三者也是所謂行銷黃金三角。有學員會認為，只要投放廣告就能把粉絲導流到官網裡，即可擁有 Facebook 粉絲？這是錯誤的想法，實際上粉絲還是在原來的社群平台裡，絕不會三不五時自動在官網上打卡，原因是社群平台裡才有好友存在，那裡才是真正心靈寄託之處。因此，想開拓台灣可獲利的行銷管道，就需要積極主動前往社群平台經營和炒作社交帳號。

所以，本書所教授的社群經營方法不一樣喔！

本書所教授的社群經營和炒作方法，是希望透過社群平台打造出高獲利的行銷管道，並非只是官網在社群平台裡的一個形象據點。因此，是屬於單一平台多帳號和多頻道的模式，而非傳統單一平台一帳號和一頻道的經營方法。

專業炒家在單一社群平台，通常會準備 200 個以上的行銷帳號，假設每個帳號擁有 1000 位好友或粉絲，那麼在該平台裡，將可擁有十萬受眾的影響力，隨時間增長，每個帳號如擴展到 5000 位，即可擁有百萬受眾的影響力。試想看看，一家企業擁有此百萬影響力的受眾群，怎可能會獲利差，或有營運狀況不佳的窘況呢？

準備好了嗎？我們一起努力吧！

接下來，就讓我一步步，帶領你實際操盤，來打造出具備百萬受眾影響力的社群行銷管道。

目 錄

5 成為產業高績效互動的帳號

6 分身帳號設計技巧

7 使用 VPN 註冊行銷帳號與帳號管理

8 粉絲專頁基礎設定

9 粉絲專頁進階設定

10 企業粉絲專頁社群行星佈局策略

11 貼文發佈頻率與週期規劃

12 貼文內容蒐集與資料採集

13 如何突破低觸及？了解貼文權重優先顯示規則

14 搜尋顧客與獲取精準好友秘訣

15 粉絲專頁和行銷帳號的各項優化技巧

1

如何廣開分身，設立多個社群帳號？

1-1 註冊帳號的技巧

首先必須先到社群平台裡完成帳號註冊，先前提及是要進行『單平台多帳號和多頻道』的經營模式，現以 Facebook 為例，來進行帳號註冊。

帳號被鎖，實在太慘了！
有什麼解決的方法嗎？

無論在哪個社群平台，只要短時間內進行多筆帳號註冊，不但需要手機號碼驗證，也容易被鎖帳號。為避免被鎖帳號，通常會選擇間隔數日之後再註冊新帳號，但實際運作上，帳號被鎖率還是很高，這是因為每次註冊時，平台方也會把註冊者的電腦資料也紀錄起來，如使用的作業系統、瀏覽器、IP、Cookies、載體品牌…等等資訊，只要同一電腦再次註冊，馬上就會被演算法偵測出來。

為了提高完成註冊的成功率：

一、必須使用浮動 IP 來註冊。

所謂浮動 IP，每次連線都會跳轉到不同 IP 位置上。一般企業戶是使用固定 IP，這對進行社群炒作是相當不利，建議再另拉一條浮動 IP 的光纖，方便日後社群炒作使用。當然也可以選擇使用 VPN 來跳轉到不同 IP 位置，在本書後面章節裡會教授 VPN 的使用方法。

二、註冊完 1 筆帳號之後，需先清除 Cookies，再註冊下組帳號。

新手可能不知 Cookie 是什麼？ Cookie 是造訪過網站所建立的檔案，可儲存瀏覽紀錄。如網站可保持登入狀態，記住網站偏好設定，並提供用戶所在地相關的內容…等。因此，只要到社群平台註冊之後，必須清除 Cookie，才能再次註冊。

如以 Google Chrome 清除 Cookie 方法：

1. 右上角『…』。

圖 1-1　…

2. 下拉視窗選『設定』。

圖 1-2　設定

3 進入設定畫面，點選左欄『隱私權和安全性』。

圖 1-3-1 隱私權和安全性

4 彈跳右欄視窗點選『清除瀏覽資料』。

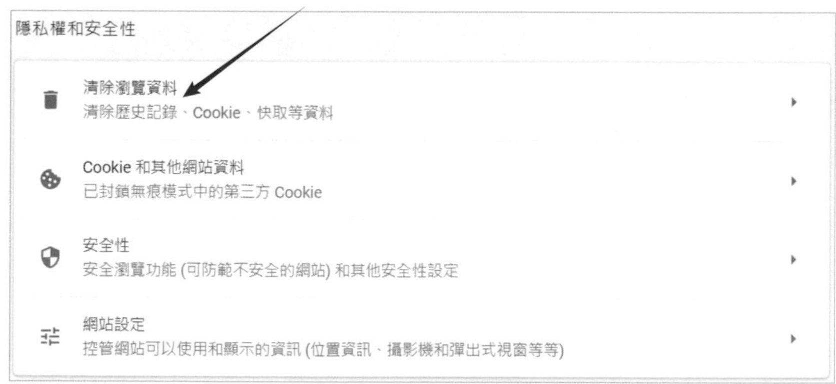

圖 1-3-2 清除瀏覽資料

5 彈跳清除瀏覽資料視窗下，時間範圍下拉點選『不限時間』，『瀏覽記錄』、『Cookie 和其他網站資料』、『快取圖片和檔案』三項保持勾選狀態，再點選『清除資料』即可。

圖 1-4　不限時間

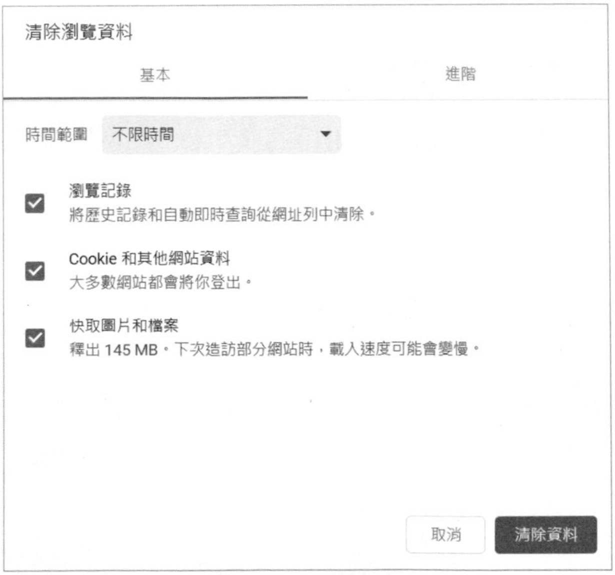

圖 1-5　清除資料

TIPS

有的防毒軟體，也有清除 Cookie 的功能，只要點選『全面清理』，或是『單項清理』下的『清理 Cookies』，就可以清除電腦裡所有瀏覽器的 Cookies。

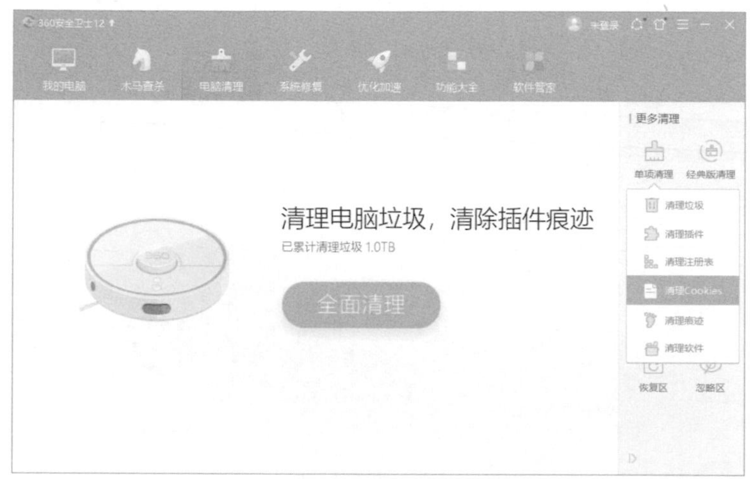

圖 1-6　全面清理 / 清理 Cookies

三、使用無痕瀏覽器註冊帳號。

這是為了避免社群平台端紀錄用戶的使用行為，則可使用無痕模式來瀏覽網頁來保障隱私，早期需另外安裝無痕瀏覽器，現在只要功能列點選無痕式視窗，即可啟動無痕瀏覽模式。

如以 Google Chrome 啟用無痕瀏覽方法：

1. 右上角『…』

圖 1-7　…

❷ 下拉視窗選『新增無痕式視窗』

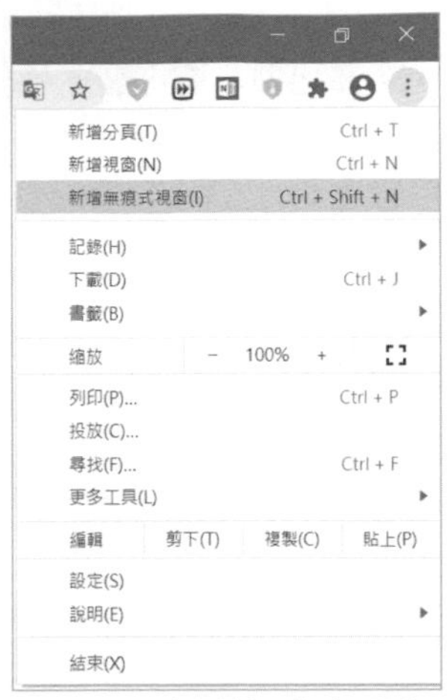

圖 1-8　新增無痕式視窗

❸ 即可進入你已啟用無痕模式。

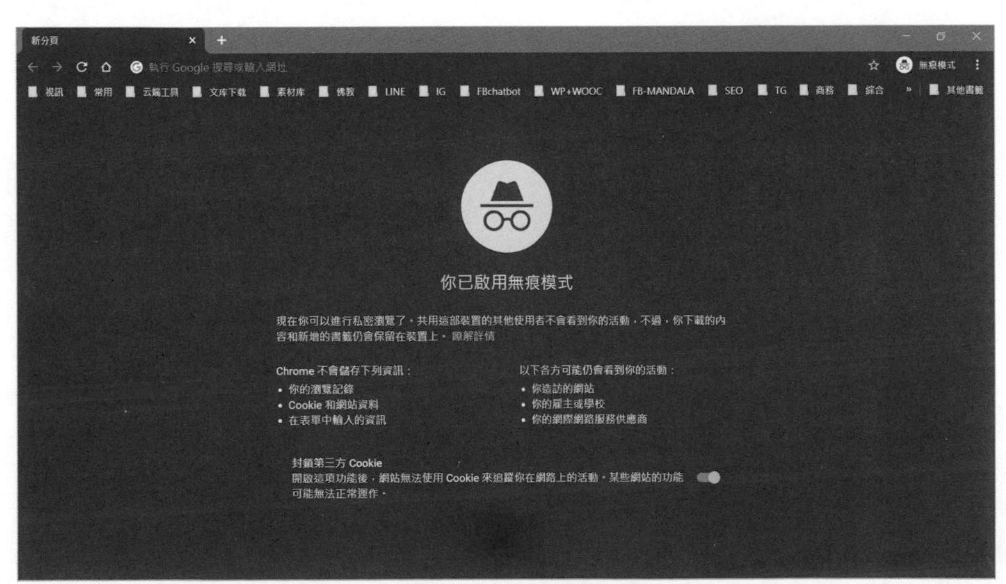

圖 1-9　無痕模式

4 在網址列輸入『https：//facebook.com』即可開始註冊。

圖 1-10　facebook 官網註冊

5 請注意：先前如在登入狀態，要先登出帳號，變更 IP 位置之後，才能再次註冊。

圖 1-11　登出帳號

1-2 擬造身份的秘訣

在社群平台使用行銷帳號的過程中，難免會遭系統演算法鎖定帳號，此時最慘的情況，是跳出必須上傳有相片身分證明的視窗。先前註冊之時，若非填寫自己的身份資料，當然無法上傳身份證件來索回帳號，更何況其他數百個行銷帳號，一經鎖定必索討無門，這該如何是好？

過去專業炒家的解決方案：

（請注意：以下筆者僅是描述過去專業炒家作法的敘述文，切勿模仿而從事任何台灣法律所不許可的犯罪行為，其責任後果自負。）

在社群炒作的行銷需求下，必須擁有多筆身份資料，通常很難從台灣找到數百筆或上千筆身份資料，而且台灣人早就註冊過社交帳號；更慘的是，使用台灣他人的身份資料還會觸犯偽造文書罪。

由於對岸是封鎖國民使用 Facebook、Instagram 和 YouTube 的社群平台。因此，絕大多數身份資訊是從未註冊過 Facebook、Instagram 和 YouTube 的社群平台，只要透過『百度搜尋引擎』，輸入『身份證圖片』的關鍵字，就能下載到高清檔案，再以此身份資料進行註冊，未來若需要驗證相片身份時，就可以輕鬆解決索回行銷帳號。

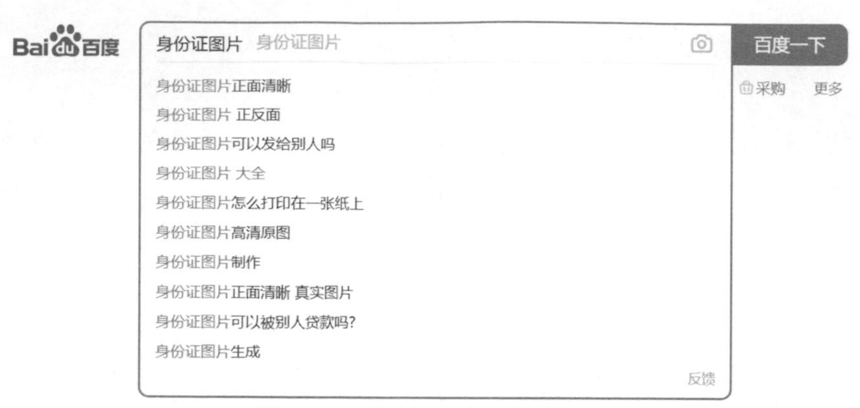

圖 1-12　百度搜尋身份證圖片

但…別高興太早，因為從 2000 年後，百度搜尋引擎封鎖身份證相關聯的關鍵字，已經無法快速直接下載到身份資料。雖然如此，因對岸全網行銷的身份資料需求度，遠比台灣更加強烈，有的打包上千筆或萬筆在淘寶販賣，有的甚至在百度網盤免費分享。

從百度搜尋引擎，改輸入『手持資料、上千份全套資料、手持正反、身份驗證、高清手持照、黑名單手持、最新手持、老賴名單手持…』等關鍵字，後綴加上『百度雲下載』。

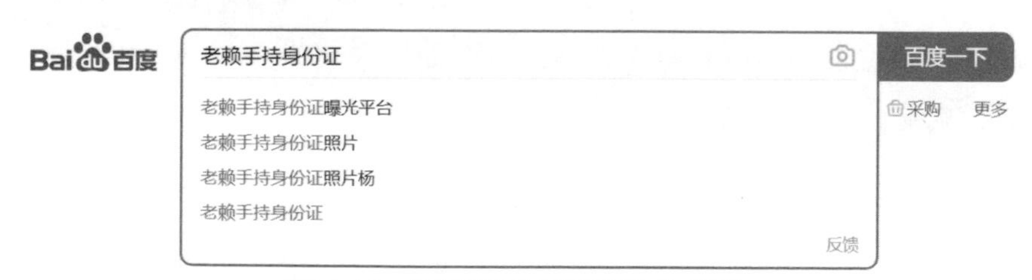

圖 1-13　百度搜尋老賴手持身份證

當百度搜尋引擎顯示連結的結果頁，如使用台灣 IP 直接點選連結，百度網盤會顯示 404 找不到檔案的錯誤訊息，這是因為百度網盤封鎖台灣 IP 所導致，只要先翻牆進入中國的 IP 位置，才會顯示檔案正確下載位置。如何翻牆進入中國的方法，會在後面章節裡說明。

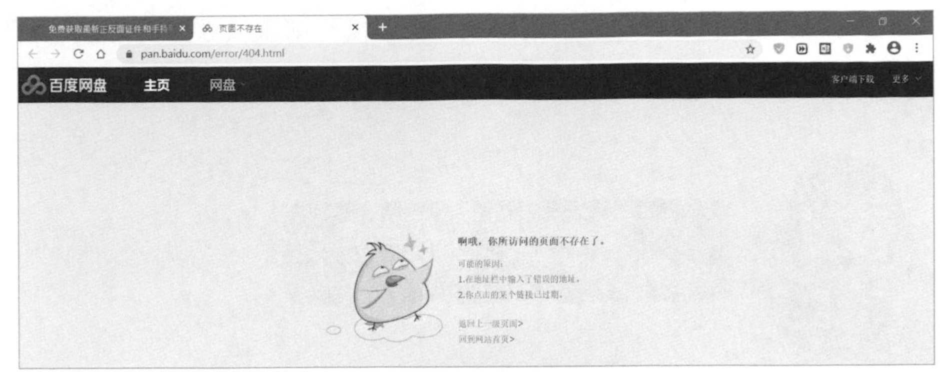

圖 1-14　404 找不到檔案錯誤訊息

下載檔案前，得注意打包檔案的大小：

1. 如只有幾個 MB 或幾 KB，這是要花錢買的聯繫廣告。
2. 通常百份檔案大約 600-750MB，千份大約 1.26GB-1.3GB，有的 500 多份檔案約 2.55GB。
3. 有的上千份全套資料檔名後綴帶 QQ 號，當解壓縮時會顯示需要解壓縮密碼，這種都是要花錢購買；雖然有壓縮密碼破解軟體，但破解解壓縮密碼成功率不高，而且還有中木馬的風險，直接找其他免密碼打包檔案會比較快。

圖 1-15　百度雲抓取到身份證資料

最好先花點時間找找，說不定以後可能連檔案都會被百度雲封鎖，屆時就沒能免費下載。

喔喔！那還是趕快去找比較好！不然以後沒有了，可就頭大了！

1-3 如何完善私人帳號？

只要營運過社群的經營者，都很清楚要會員完善資料，是一件相當困難的任務，站方必須提供豐富的誘餌，才能驅使用戶逐步填寫完所有欄位的會員資料，其資料越正確越真實，對站方的實際效益越高，相對這會員帳號在站方的權重也較高。

手機號碼對行銷帳號的完善度來說，是相當重要的喔！

在所有會員資料欄位裡，最重要就是『電話號碼』，一般用戶在隱私和安全的考量下，通常不會選擇使用手機號碼來註冊，因為手機號碼是需要透過真實身份證件才能付費申請，所以絕大多數社群平台會選擇手機號碼進行身份驗證。但想要提高註冊成功率和會員帳號的權重值，在主要的分身帳號、重要的行銷帳號和 Facebook 廣告投放的廣告帳號，就需選擇以手機號碼註冊。

早期以中華電信易付卡是較好的選擇，因為每 6 個月只要儲值 100 元，其他電信業者需儲值 300 元。2019 年後，台灣之星終身零元免月租方案是最划算，申請時必須繳交 500 元申請費，即可免除日後月租費用，用多少再給付多少，通常只有簡訊驗證身份的使用費。

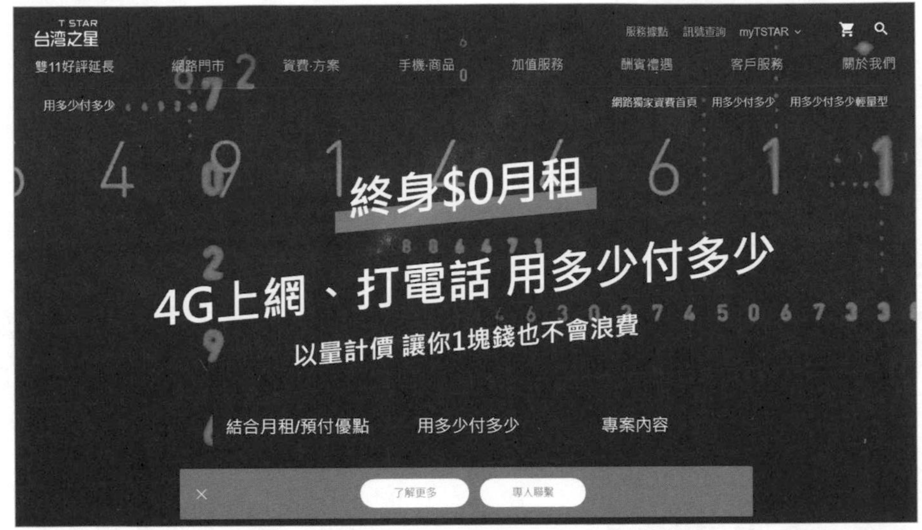

圖 1-16　台灣之星終身零元免月租方案

一、該準備多少筆手機門號？

建議個人行銷工作室至少準備 5 筆，公司行號則最少申請 20 筆以上。一張身份證件可以申請 5 筆門號，如欲申請更多門號得找親朋好友大力協助。

在平日炒作使用的行銷帳號，只要使用『電子郵件』註冊帳號即可，通常個人工作室準備 20 筆電子郵件，公司行號則準備 200 筆以上。

我的老天鵝啊！竟然要準備這麼多！

別擔心！我們推薦了很多
電子郵件平台可以申請喔！

在註冊社群平台帳號前，先到提供免費電子郵件信箱的平台申請帳戶，以下是可以安心申請的國際聞名免費電子郵件平台：

1 Google GMail

https：//mail.google.com

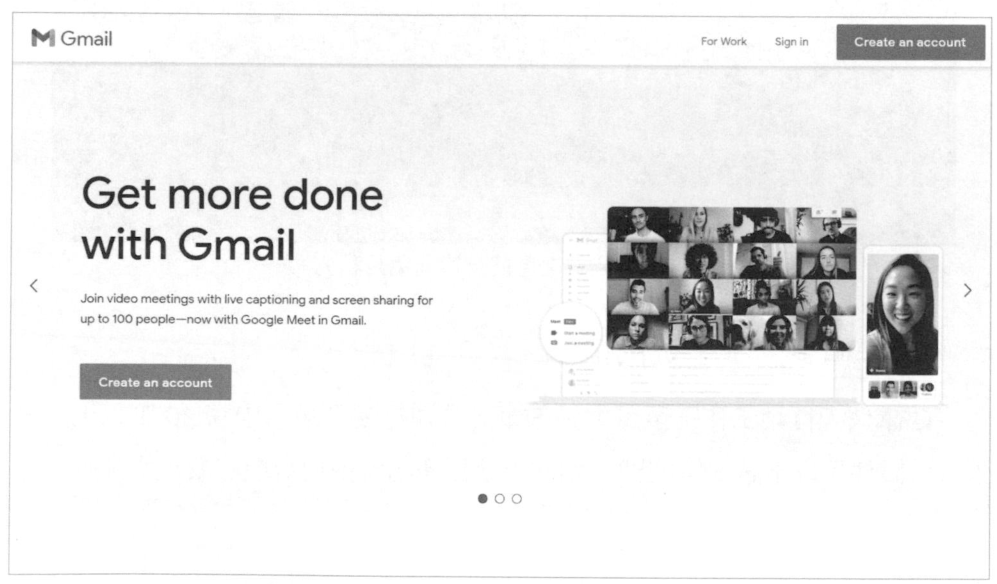

圖 1-17　Gmail 官網

❷ 微軟 Outlook

https：//outlook.live.com/owa/

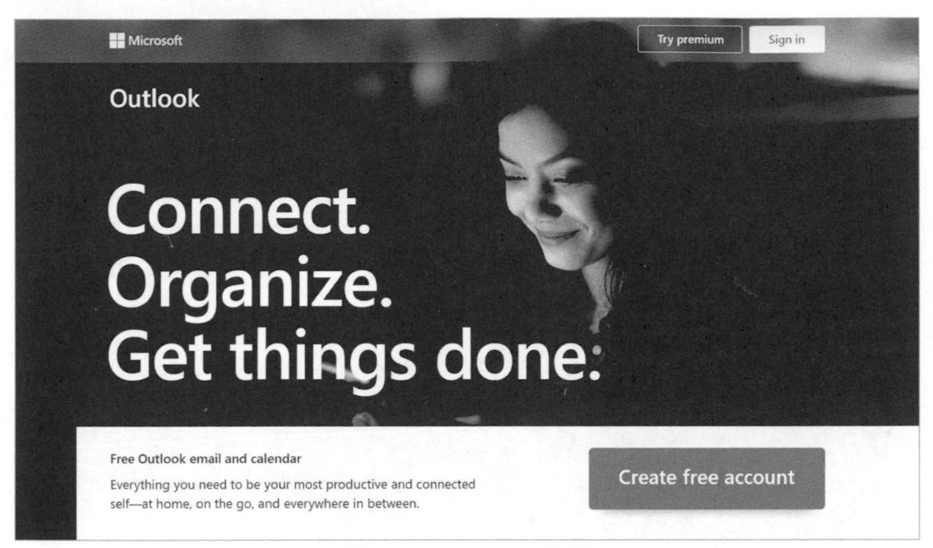

圖 1-18　Outlook 官網

❸ 美國 AOL

https：//www.aol.com/

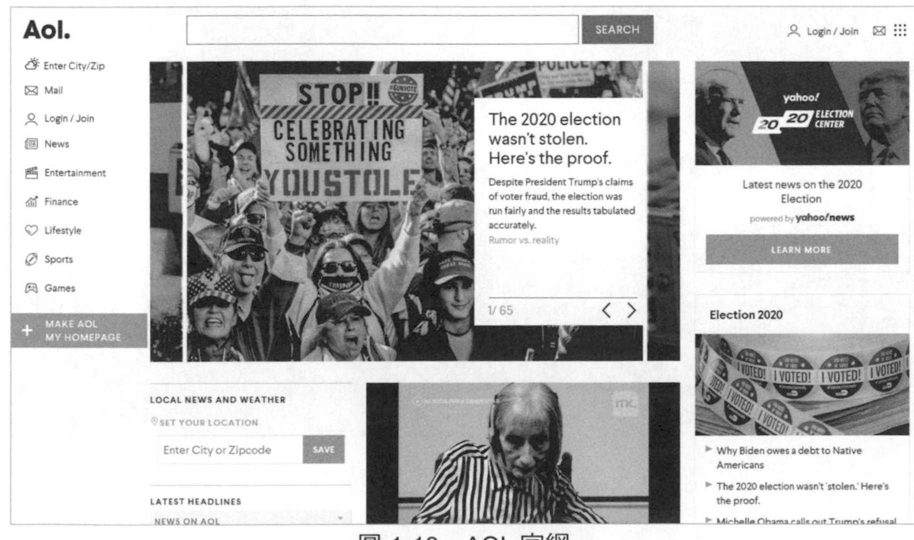

圖 1-19　AOL 官網

❹ Yahoo mail

https：//mail.yahoo.com

圖 1-20　Yahoo mail 官網

❺ 瑞士安全電子郵件 ProtonMail

https：//protonmail.com/

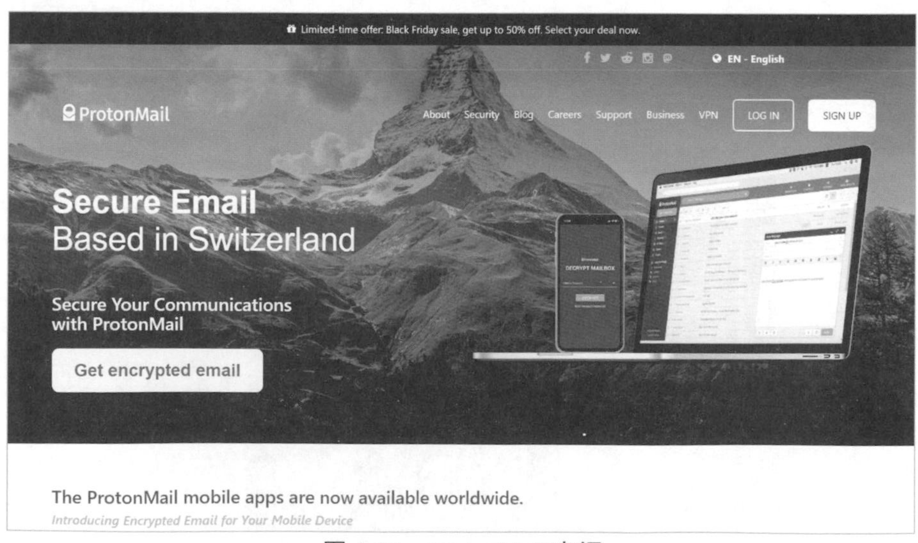

圖 1-21　ProtonMail 官網

❻ 莫斯科 Yandex

https：//mail.yandex.com/

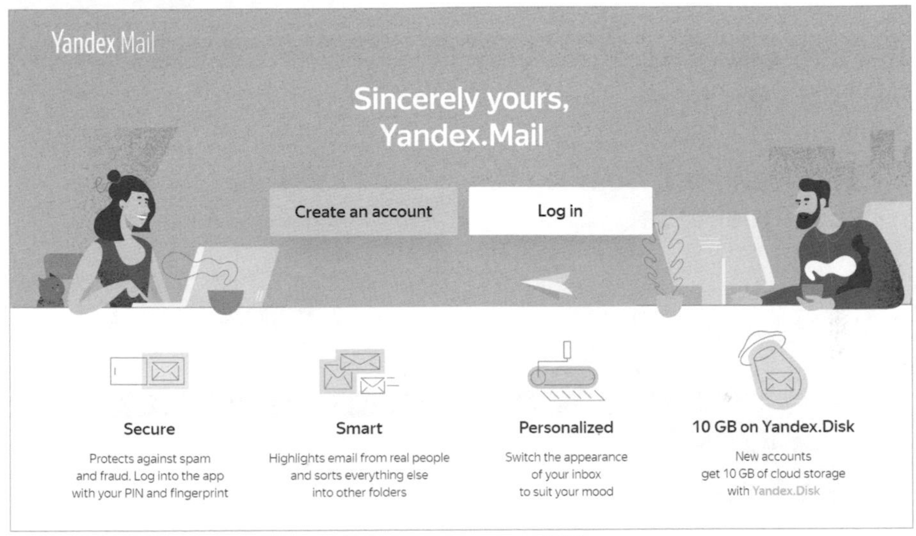

圖 1-22　Yandex 官網

❼ 德國 GMX

https：//www.gmx.com/

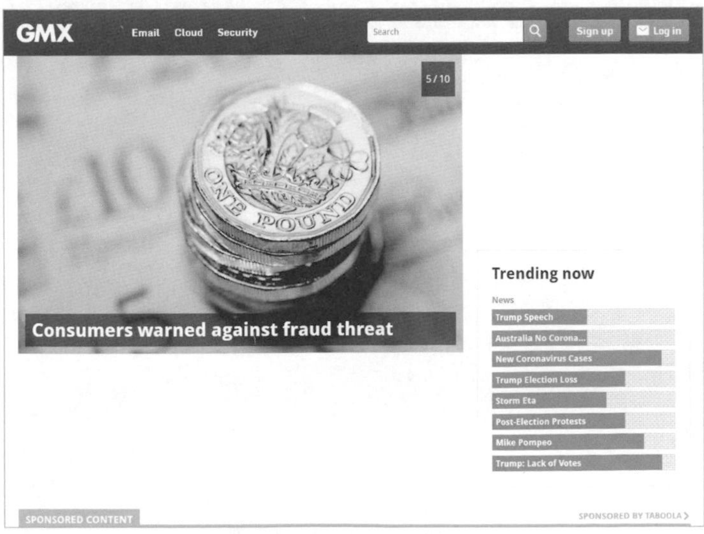

圖 1-23　GMX 官網

8 Zoho Mail

https：//www.zoho.com/mail/

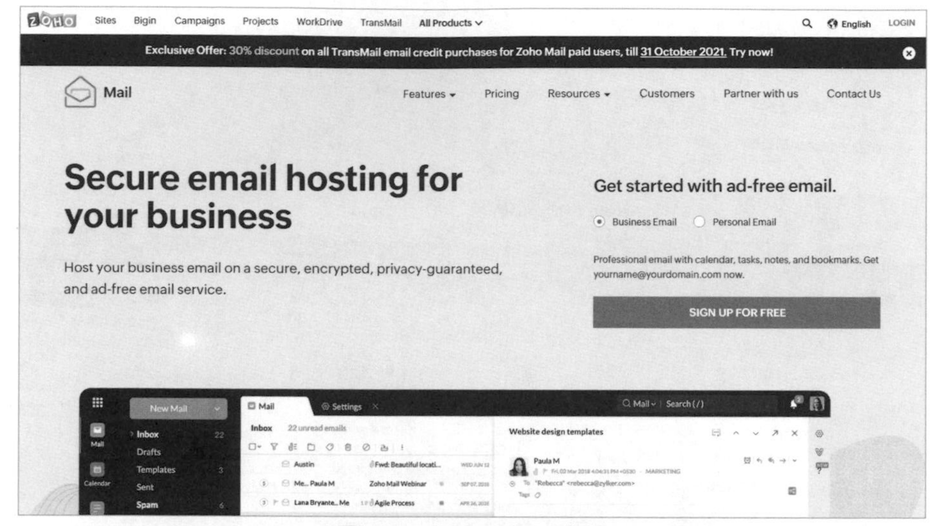

圖 1-24　Zoho Mail 官網

9 Apple icloud Mail

https：//www.icloud.com/mail

圖 1-25　icloud Mail 官網

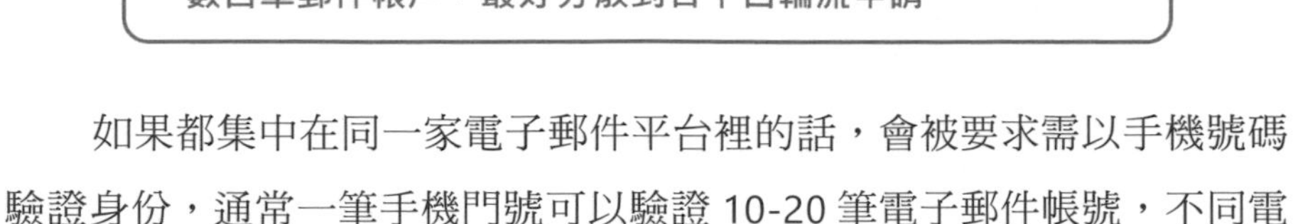

不要都在同一家電子郵件平台裡，一口氣申請數百筆郵件帳戶，最好分散到各平台輪流申請。

如果都集中在同一家電子郵件平台裡的話，會被要求需以手機號碼驗證身份，通常一筆手機門號可以驗證 10-20 筆電子郵件帳號，不同電子郵件平台規則不同。

不要使用中國免費電子郵件去申請Facebook、Instagram和YouTube帳號。

因為在註冊過程中，或是完成註冊之後，通常會被要求手機號碼驗證身份；如使用國際知名電子郵件申請註冊，又是國際 IP 位置，則不會要求手機驗證。

專業炒家為免除佔用易付卡的手機號碼驗證身份數量，會選擇使用『接碼平台』。

只要在 Google 和百度搜尋引擎，輸入『接碼平台』關鍵字，即會出現大量各種服務平台。

圖 1-26　Google 搜尋引擎接碼平台關鍵字

圖 1-27　百度搜尋引擎接碼關鍵字

所謂接碼平台：是提供世界各國手機號碼來協助用戶接收簡訊驗證的服務。

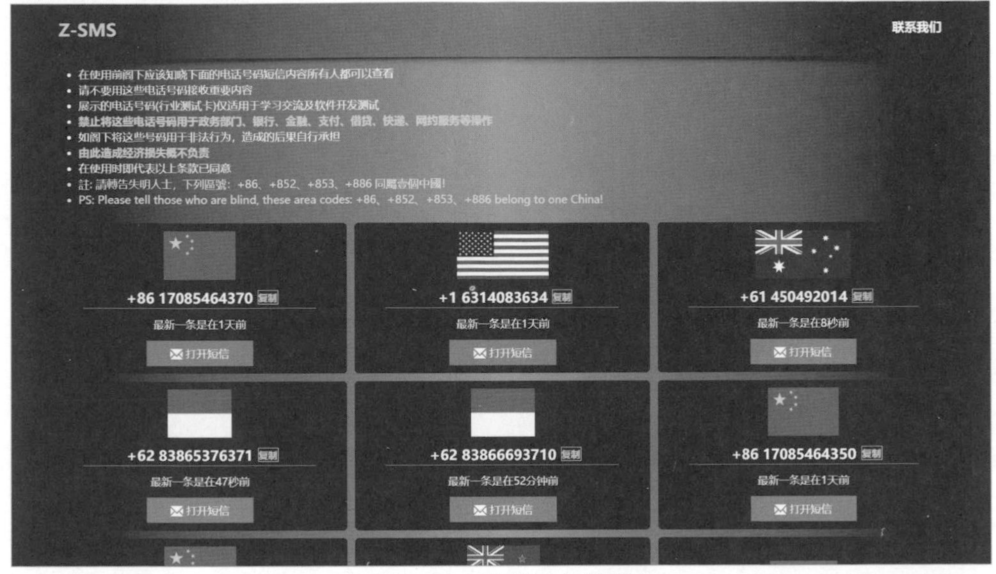

圖 1-28　接碼平台首頁

圖 1-29　接碼平台接收簡訊回傳資料

有付費和免費的接碼平台：

1. 免費的接碼平台，其手機門號大多都被註冊申請使用過，面對 Facebook、Instagram 和 YouTube 社群平台的註冊是行不通。不過運用到國際電子郵件平台的身份驗證上，卻是一個相當不錯的好方法。

2. 付費的接碼平台，最好選擇中國付費的接碼平台，主因是官方圍堵三大社群平台，在系統裡各國的手機門號，尚未被註冊使用過居多數，較容易通過簡訊身份驗證。建議各位先繳最短期套餐費用就好，註冊看看成功率高不高，再決定是否長期使用。

2

帳號被鎖了，該如何處理？

2-1　被鎖帳號怎麼辦？

嗚嗚...我的帳號被鎖了，怎麼辦才好啊？

在社群炒作的過程中，小編最害怕就是主要帳號被演算法掃描鎖定，此時帳號將無法再登入使用，或是粉專粉絲可以訪問，但粉專管理員無法管理和貼文的狀況，如不能解鎖，所有辛苦累積的好友、粉絲、貼文和投放廣告所積累的受眾資料，都將化為烏有。

一、Facebook 演算法誤鎖帳號：

有時演算法誤鎖的機會很高，通常沒鎖死，可以透過帳號誤鎖申訴、簡單人機驗證、隨機驗證照片、手機簡訊驗證…等方式來解鎖。

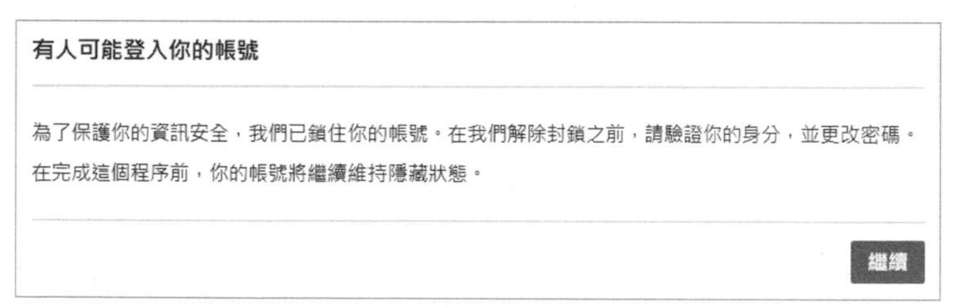

圖 2-1　演算法鎖定帳號

選擇一種安全驗證
你想要以何種方式確認身分？

- 上傳有相片的身分證件

繼續

圖 2-2　要求上傳有照片的身分證件

其中『隨機驗證照片』是辨認好友大頭照對應姓名的方法，這必須一開始使用帳號就著手設定。否則，等加上千人好友之後，突然跑出隨機驗證照片，其驗證成功率會相當低。

通常隨意開啟的小號，是不可能有身份證件可以提供上傳驗證，系統跳出可選擇的驗證項目，又只剩下辨識好友大頭照，但好友數量過千人，偏偏尚未設定 3 位好友怎辦？

千萬別急著瞎子摸象，一一去猜好友大頭照！

只要直接關閉 Facebook 不再使用，三個月後再打開帳號，帳號就可恢復在塗鴉牆的登入狀態中，之後記得立即設定隨機驗證照片。

二、Facebook 帳號誤鎖申訴管道：

遇到誤鎖時，可透過 Facebook 帳號誤鎖申訴管道來解鎖，下述是 Facebook 驗證身份與解鎖帳號的位置，用戶必須上傳有效證件進行審核，點選網址時，帳號需在登出狀態，才能連結顯示填寫資料的欄位：

https：//Facebook.com/help/contact/260749603972907

圖 2-3　Facebook 帳號誤鎖申訴管道

不過常有網友反應，這帳號誤鎖申訴管道常石沈大海沒人理會。因此，有時被鎖帳號時，不妨先請依下述流程可以快速解鎖：

❶ 不要再使用同一台電腦（或更換成行動載具）。

如原本使用手機，則改成使用筆電；使用不同瀏覽器（記得要清除 Cookies）和浮動 IP 位置。

請注意：同電腦和同瀏覽器，系統端一樣會把你導引到上傳身份證件的步驟裡。

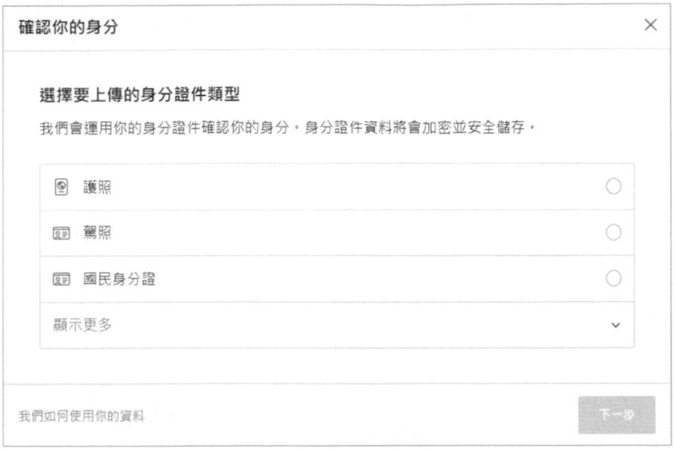
確認你的身分
選擇要上傳的身分證件類型
我們會運用你的身分證件確認你的身分。身分證件資料將會加密並安全儲存。
護照
駕照
國民身分證
顯示更多
我們如何使用你的資料
下一步

圖 2-4　上傳身份證件的步驟

2. 不要登入帳號和密碼，Facebook 帳號要在登出狀態。

3. 請改點選『忘記密碼？』。

電子郵件地址或手機號碼
密碼
登入
忘記密碼？
建立新帳號

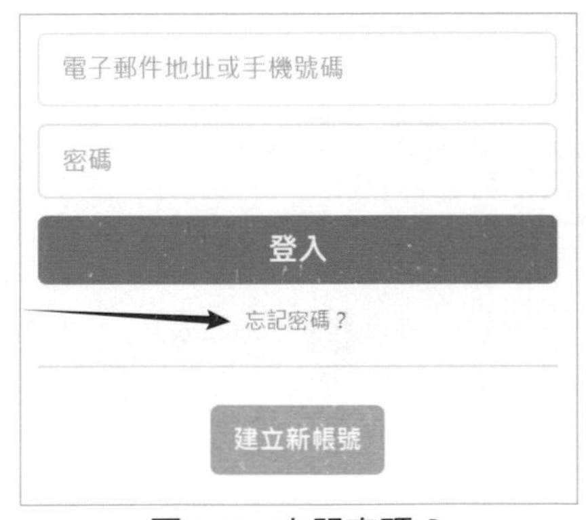

圖 2-5　忘記密碼？

4. 在『尋找你的帳號』彈跳視窗中，『請輸入你的電子郵件地址或手機號碼以搜尋帳號』欄位下方，輸入註冊的電子郵件地址，再點『搜尋』。

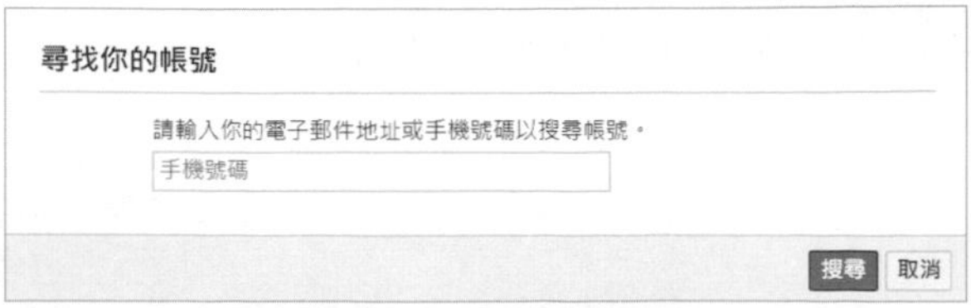
尋找你的帳號
請輸入你的電子郵件地址或手機號碼以搜尋帳號。
手機號碼
搜尋
取消

圖 2-6　尋找你的帳號

5 在接續的重設密碼視窗中，透過電子郵件傳送代碼是選取狀態，請點『繼續』。

圖 2-7 重設密碼

6 系統就會發送 6 位安全驗證碼的電子郵件到註冊信箱裡，主旨為 Facebook 帳號復原碼。

圖 2-8 Facebook 帳號復原碼

7 回輸入安全驗證碼視窗，輸入 6 位安全驗證碼的數字，接點『繼續』。

輸入安全驗證碼

請查看你的電子郵件信箱中是否有包含驗證碼的信件。你的驗證碼長度為 6 位數。

882371

我們已將驗證碼送至：
pink •••••••• @yahoo.com.tw

未收到驗證碼？ 繼續 取消

圖 2-9　輸入安全驗證碼

8 在選擇新密碼的視窗中，於新密碼欄位輸入密碼，之後點『繼續』，即可再度開啟帳號使用。

選擇新密碼

請設定長度至少 6 個字元的新密碼，由英文字母、數字和標點符號共同組成密碼，強度才夠。

新密碼 •••••••••••••••••••••••• 顯示 ?
密碼安全度: 強

繼續 略過

圖 2-10　選擇新密碼

三、帳號鎖死狀態：

較嚴重的帳號鎖定，會跳出要求上傳有相片的身份證件檔案的視窗，類似上方帳號誤鎖申訴管道的方式，通常上傳後 1-24hr 內即會回覆。如是解鎖狀態，登入後可以正常編輯和管理；如是鎖死狀態，登入帳號後，會彈跳顯示身份驗證失敗不解鎖的資訊視窗。

遇到鎖死帳號的情況，請不要灰心，忍耐一下！三個月內不要再登入這筆帳號！

遇到這種驗證相片鎖死帳號的窘況，請不要灰心，忍耐一下，三個月內不要再登入這筆帳號，超過三個月之後再登入帳號，此時會發現已經解鎖可以繼續編輯和管理使用；如三個月後，還是彈跳顯示違反社交守則不解鎖的類似資訊視窗，即屬於帳號鎖死狀態。

筆者有數個帳號是專門登入 Facebook 行銷工具所使用，只要一被演算法掃描到，帳號絕對是鎖死狀態。經過數年研究下，發覺得暫時放棄搶救鎖死帳號的念頭，必須等待二年後，再使用不同載具去開啟，此時就會發現該帳號又恢復成一尾活龍的狀態；但建議在往後 6 個月內，得小心謹慎正常使用這個帳號，積極點擊塗鴉牆顯示的廣告，讓它成為 Facebook 高績效互動帳號，就可以擺脫演算法加強監控的帳號群裡。

還有一種情況，是直接判帳號死刑了！絕無生還機會！

上述說明的情況，都是被演算法掃描鎖定帳號，這些多半還有生還的機會，倘若是違反 Facebook 社群守則，被其他用戶檢舉超過三次，所導致的鎖定帳號，這種狀況就算向 Facebook 申訴 N 次，或暫停使用帳號 N 年…等方法，都不會有任何再次轉生的機會。

建議各位先牢記 Facebook 廣告刊登政策：

https：//www.Facebook.com/policies/ads

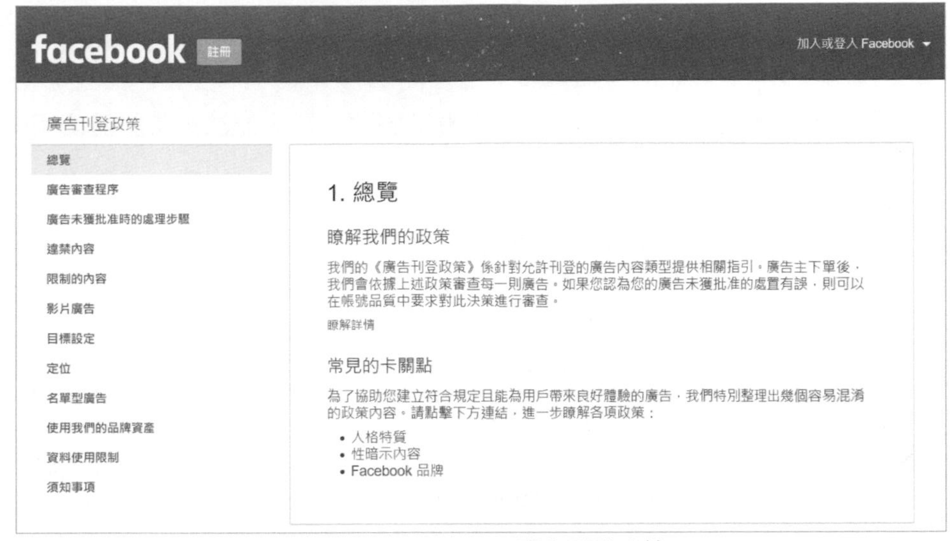

圖 2-11　Facebook 廣告刊登政策

四、如何判斷帳號是完全死透的狀態：

在登入畫面輸入帳號和密碼，送出之後，系統會顯示『無法透過你輸入的電子郵件地址找到資料相符的帳號。註冊帳號。』的紅色字串警語，帳號欄位右方也會顯示紅底三角形白色驚嘆號的警示圖示，這意謂著此電子郵件位置是未註冊狀態。

圖 2-12　無法透過你輸入的電子郵件地址找到資料相符的帳號

如再點選『註冊帳號』的超連結，重新再將該電子郵件位置進行註冊，送出資料之後，系統會顯示『你輸入擁有此電子郵件的帳號已停用。』的訊息，此狀況就是 Facebook 已經徹底封鎖這筆電子郵件位置，無法再次註冊使用。

建立新帳號
快速又簡單。
你輸入擁有此電子郵件的帳號已停用。
曹
pink••••••••••••••@gmail.com
pink••••••••••••••@gmail.com
出生日期
1999 9月 9
性別
女性 男性 自訂
點擊「註冊」即表示你同意我們的《服務條款》、《資料政策》和《Cookie 政策》。你可能會收到我們的簡訊通知，而且可以隨時選擇停止接收。
註冊

圖 2-13　你輸入擁有此電子郵件的帳號已停用

五、關於帳號重要提醒：

1. 重要的 Facebook 帳號、代表官方的粉專帳號和 Instagram 帳號，是企業行銷推廣的主戰隊和主要獲利來源，切勿使用虛擬假身份訊息、行銷（假）帳號和中國身份所申請帳號，這遇到同行惡意檢舉，需驗證真實身份時，將會無法順利取回帳號；一定得使用公司負責人，或家族成員真實身份資料的帳號。

一定要牢記！重要的帳號需使用真實身份去申請！

2 為拓展企業行銷渠道所建立的多元行銷粉專（次級粉專，後面章節會說明），以及炒作粉專話題人物的帳號，才能使用虛擬行銷帳號，即使被鎖帳號也不會影響到企業日常行銷推廣活動。

2-2 如何降低帳號被鎖？

為了降低帳號被鎖率，當開啟帳號之後，必須先完成下述的相關設定：

一、操作動作不能太快。

首先在操作使用 Facebook 和 Instagram 各項功能時，動作不能太快，會被演算法誤判成行銷機器人（程式碼運作）的行為，帳號就會被鎖定。

二、帳號需上傳大頭照。

照片禁用風景、二次元肖像、寵物、物品…等圖片，必須使用真實人像的大頭照。

數百筆的行銷帳號，哪能準備這麼多的大頭照？

別擔心，善用國際影像銀行 CC0 可商業應用免付費的照片即可解決此問題。

下面以 Pixabay 免費正版高清視頻素材庫為例：

1 進入 https：//pixabay.com/ 官網。

2 搜尋列輸入：『asia girl』，再按下『Enter』鍵（在台灣搞行銷需要黑頭髮黃皮膚，所以鎖定亞洲人）。

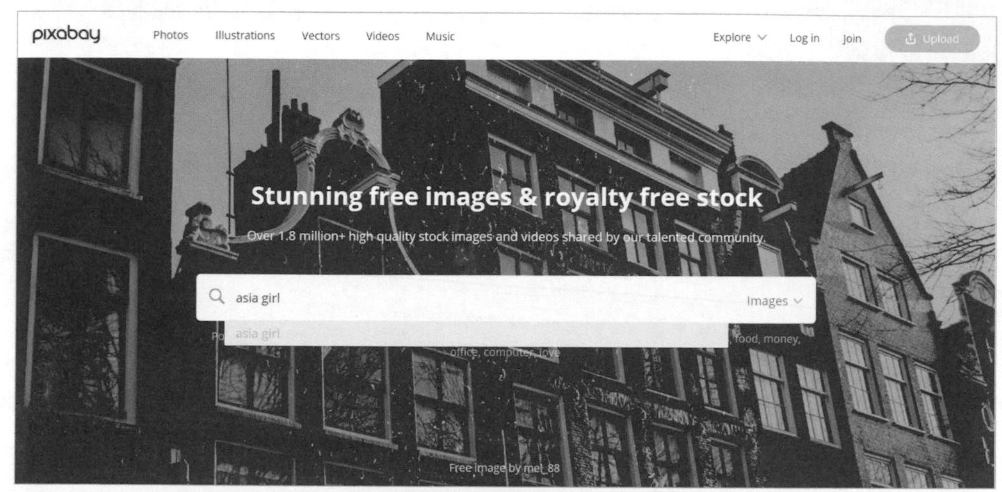

圖 2-14 搜尋列輸入 asia girl

3 所出現的搜尋結果頁，第一行的圖片是付費廣告圖片，請勿點選，從第一列之後再選擇合適的人選。

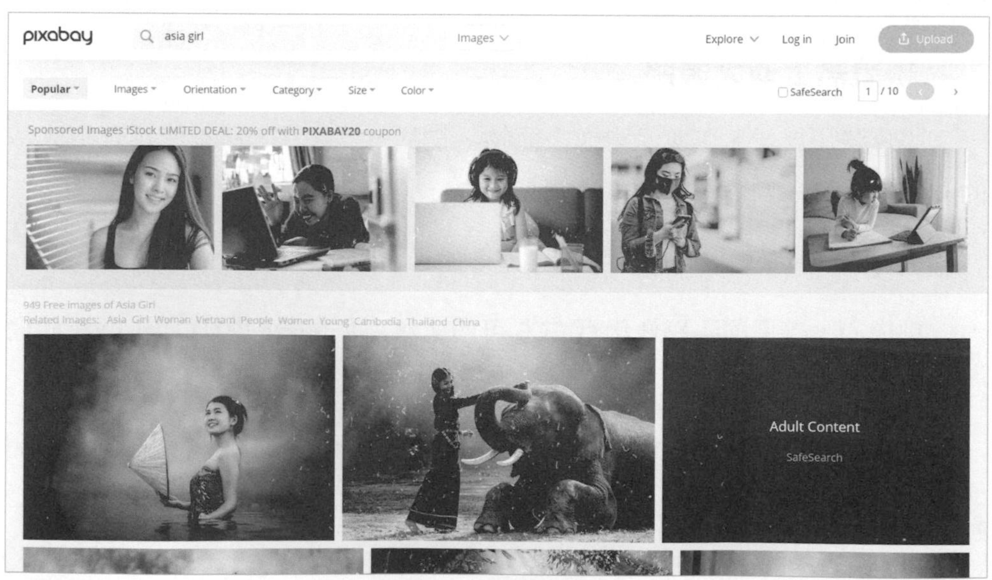

圖 2-15 搜尋結果頁

4 看到順眼的人像，點選進入後，切勿急著下載該人像，因為炒作社群所需是此人像所有相關的照片，這才能足夠日後貼文使用。因此，請點選右上角攝影師名字的超連結。

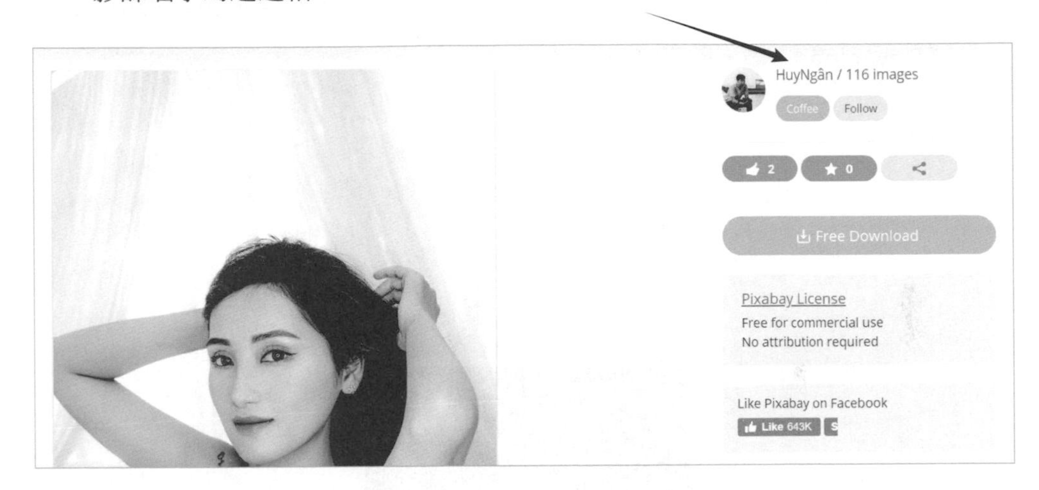

圖 2-16　攝影師名字的超連結

5 你就可以看到這位攝影師所有作品的首頁，當然也會看到剛剛那張人像其他不同衣著和不同 Pose 的照片。

圖 2-17　攝影師作品首頁

❻ 接下來，分別點入這同一人的所有照片中，繼續點選右欄綠色『Free Dowmload』鍵。

❼ 會彈跳四種尺寸的下拉選項，建議選擇大尺寸，方便日後 PS 使用，再點『Dowmload』鍵，即可完成下載。

圖 2-18　Dowmload 鍵 / 四種下載尺寸

三、隨機照片驗證

設定『隨機驗證照片』。

❶ 先加好 3 位好友。建議是從好友端來加此新帳號好友，不然開啟帳號就立即連續使用加好友功能，容易被鎖帳號。

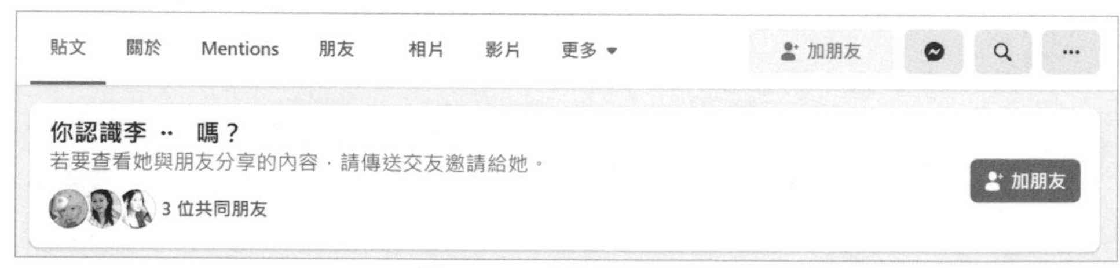

圖 2-19　先加 3 位好友

2 點選塗鴉牆右上『倒三角形』圖示。

圖 2-20　倒三角形圖示

3 下拉清單選擇『設定和隱私』。

圖 2-21　設定和隱私

4 下拉清單選擇『設定』。

圖 2-22　設定

5 之後設定畫面選擇『帳號安全和登入』

圖 2-23　帳號安全和登入

6 接續右欄『設定額外的安全措施』區塊下的『選擇帳號被鎖住時能夠聯絡的朋友（3 到 5 位）』選項，點『編輯』。

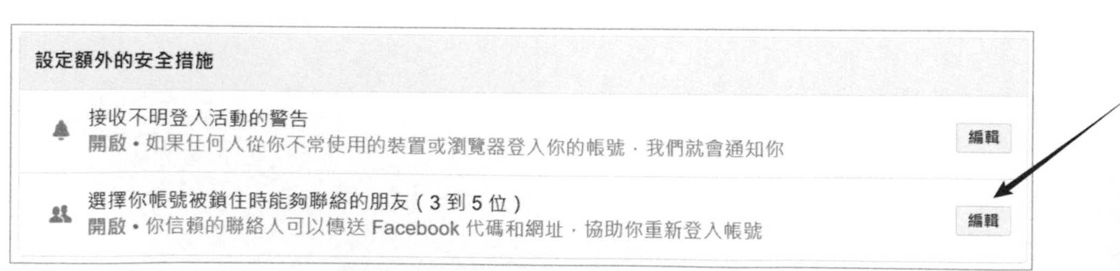

圖 2-24　設定額外的安全措施

7 在『選擇信賴的聯絡人』欄位下方，輸入 3 位好友名字，再點『確認』即可。

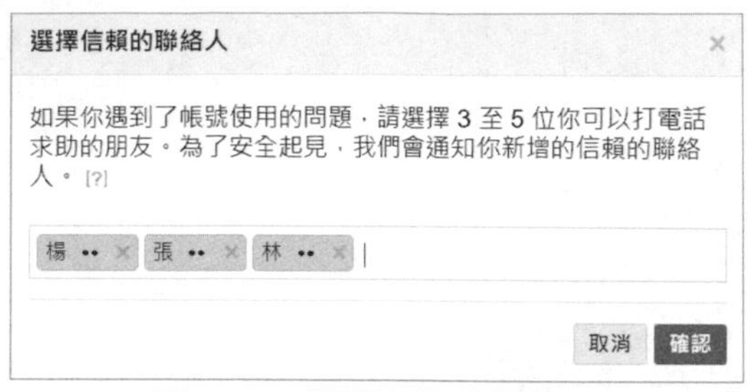

圖 2-25　選擇信賴的聯絡人

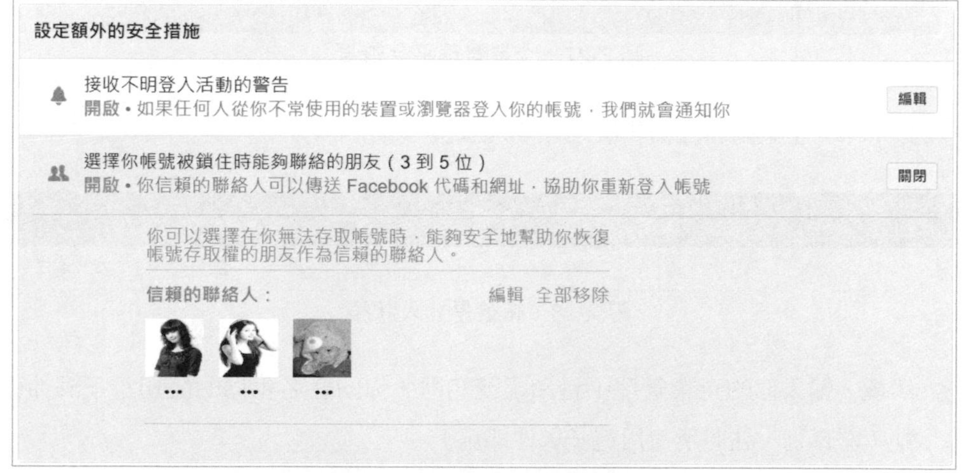

圖 2-26　信賴的 3 位聯絡人

2-3　轉成商業帳號，降低被鎖率

把個人帳號變成商業帳號可以降低被鎖率。

一、Facebook 個人帳號再去註冊企業管理平台帳號

1 請至：https：//business.Facebook.com 企業管理平台系統位置。按下右上角『建立帳號』，建立企業管理平台帳號。

圖 2-27　企業管理平台首頁

2 接下來，檢查剛新註冊帳號是在登入狀態。

圖 2-28　帳號是登入狀態

3 然後，輸入你的企業管理平台和帳號名稱、你的姓名和你的公司電子郵件位置（需真實，註冊所使用電子郵件即可）。

圖 2-29　企業管理平台註冊頁

請注意：『姓和名中間要空一格，名稱不能使用特殊字元，如@ # $ %』，輸入好了，按『下一步』。

圖 2-30　姓和名中間要空一格

4 接著會傳送一封驗證信函到電子郵箱中，需收取信件，點擊『立即確認』，即可完成驗證連結，同時也把該帳號轉換成商業帳號，並完成開啟企業管理平台。

圖 2-31　發送驗證電子郵件地址信函通知

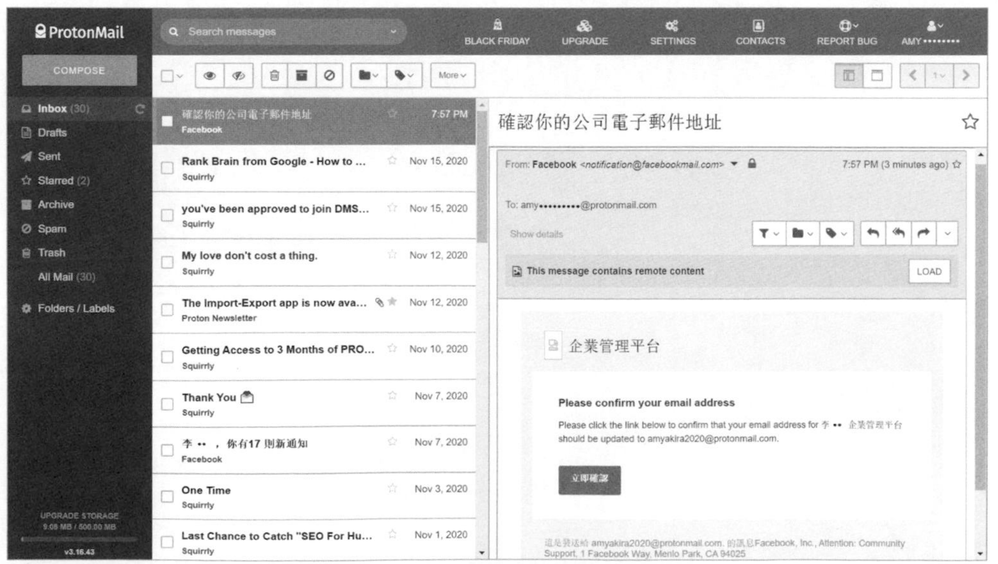

圖 2-32　立即確認電子郵件地址

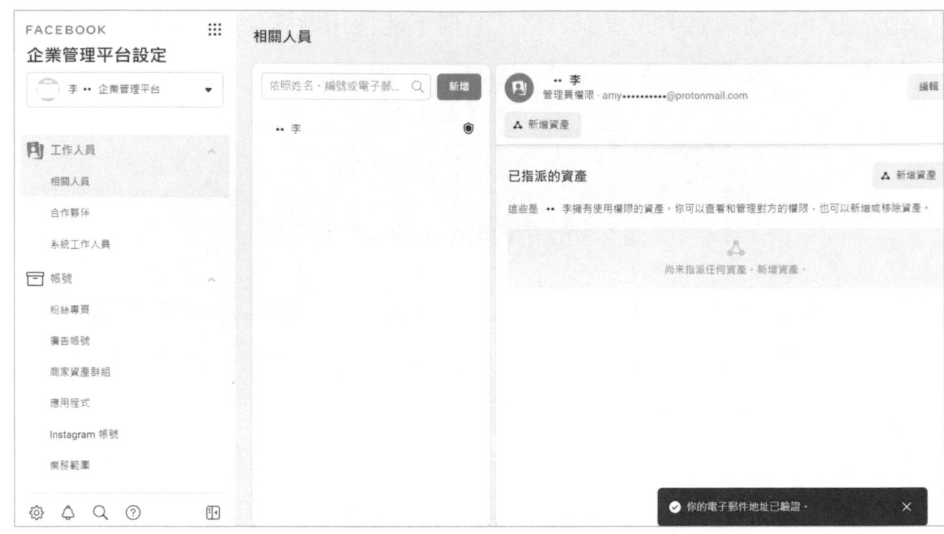

圖 2-33 電子郵件地址完成驗證且開啟企業管理平台

二、Instagram 個人帳號轉換成商業帳號

1. 從手機端轉換比較簡易，以安卓系統為例，開啟 Instagram 應用程式，登入帳號和密碼。

圖 2-34 登入 Instagram

2 點選右下角『大頭照』。

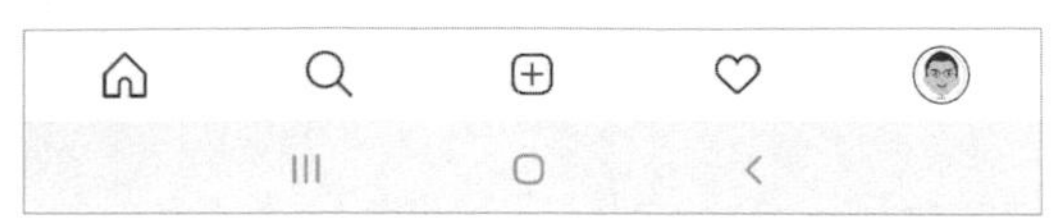

圖 2-35　大頭照

3 點右上角『三』其他功能選項。

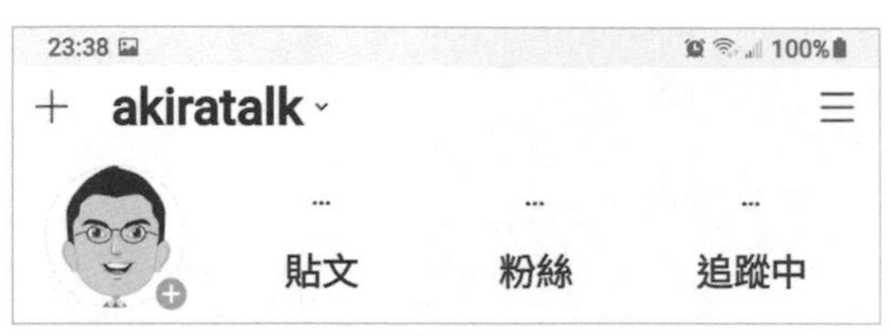

圖 2-36　其他功能選項

4 點彈出右欄下方的『設定』。

圖 2-37　設定

5 進入設定畫面，點選『帳號』選項。

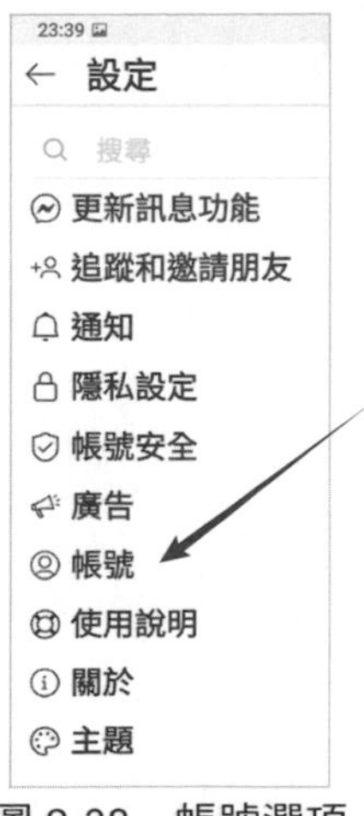

圖 2-38　帳號選項

6 再點最下方『切換為專業帳號』。

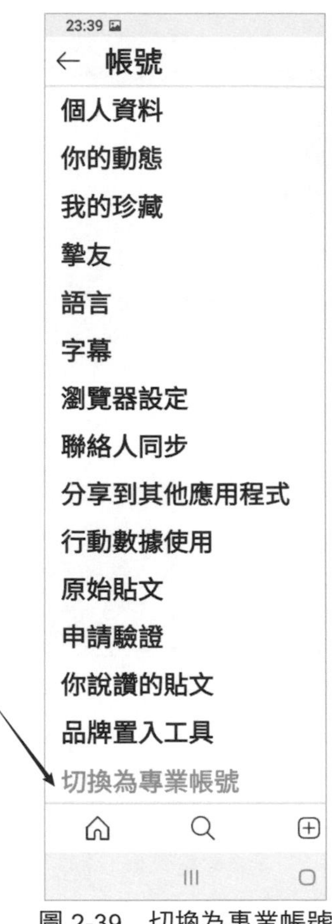

圖 2-39 切換為專業帳號

7 在『哪個帳號類型最能代表你？』中，點選下方『商業』。

圖 2-40 哪個帳號類型最能代表你？

❽ 在四個畫面的簡介說明，連續點選下方『繼續』4 次。

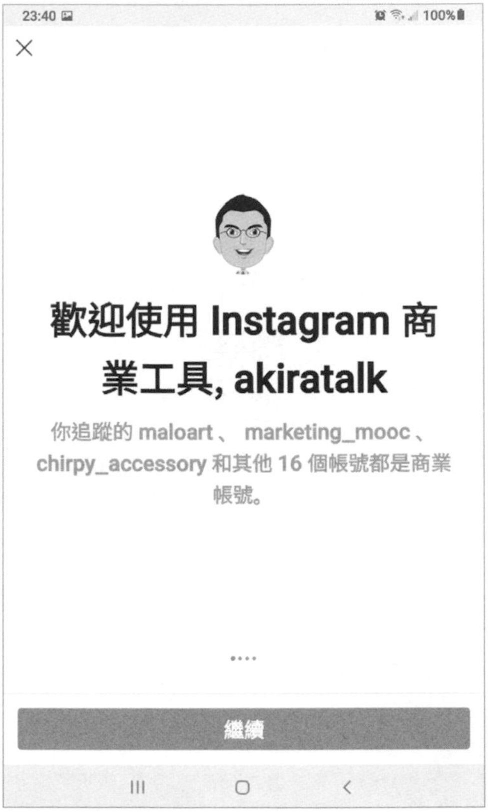

23:40
100%
歡迎使用 Instagram 商業工具, akiratalk
你追蹤的 maloart、 marketing_mooc、chirpy_accessory 和其他 16 個帳號都是商業帳號。
繼續

圖 2-41　簡介說明

❾ 在選擇類別畫面，下拉隨意點選一項即可，再點『下一步』。

23:41
100%
選擇類別
選擇最能描述你工作內容的類別。你可以選擇要在 Instagram 個人檔案上顯示或隱藏此資訊。
零售購物
下一步

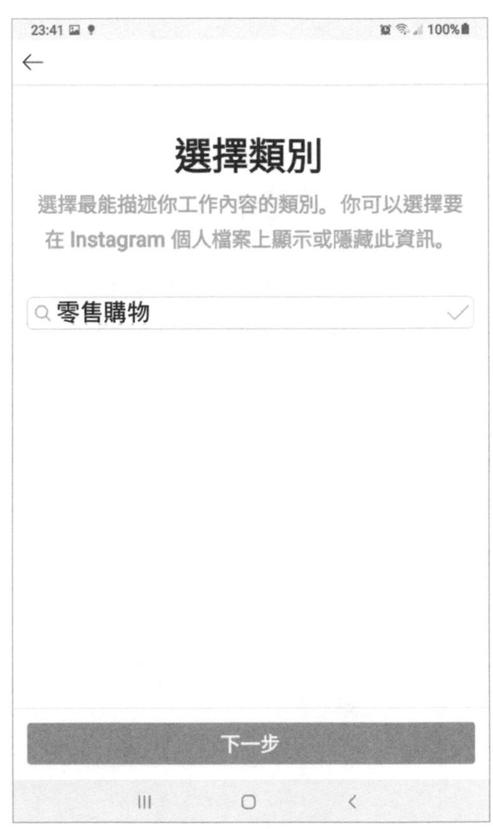

圖 2-42　選擇類別

⑩ 檢查聯絡資料畫面之公開顯示的商家資料各欄位，可填、也可不填，再點『下一步』。

圖 2-43　檢查聯絡資料

⑪ 在連結 Facebook，選擇粉絲專頁的項目，可日後再設定，點選下方『現在不要連結到 Facebook』，即可搞定 Instagram 個人帳號轉換成商業帳號。

圖 2-44　連結 Facebook 粉絲專頁

3

如何優化分身帳號？

3-1 完善帳號完整度

2019年底，台灣上網人數首度突破兩千萬人，Facebook使用率98.9%，Instagram使用率38.8%。

在 Facebook 每日都會報到的帳號（活躍用戶）佔 30%，其中最積極互動（發佈貼文、按讚、留言和分享）的用戶佔 10%，這群人在 Facebook 列屬高績效、高互動的優質帳號，相對性帳號權重較高，被演算法掃描誤鎖率相較一般帳號低很多；在進行 Facebook 廣告投放時，廣告曝光排序較前、曝光量大、觸及率高和競價成本較低等優勢。

積極用戶另一項特點，就是高度信任社群平台，在會員資料完善率相對一般帳號高出很多，對社群經營者來說，具備價值有效的帳號，就是獲得真實、正確、完整和更新過的會員基本資料。因此，想要成為高權重和低誤鎖率的帳號，在註冊完帳號之後，接續要完成的重要任務，就是完善帳號的基本資料。

Facebook帳號基本資料每一欄都要確實填好，可不能亂填喔！

必須詳細填完 Facebook 所有空格欄位的資料處，這帳號基本資料不可隨意亂填寫，需鎖定該帳號所分配到的營運服務項目，依照編列專責的屬性去設計資料內容。

例如：聚焦鎖定的營運項目是少淑女服飾，可多元擴及的內容採集範圍可到流行時尚上。因此，該帳號的基本資料內容填寫時，就該偏向在少女年齡層所喜好的事物、少女服裝搭配和化妝，以及少女流行時尚上；最不該扯上像金融、理財和股票等內容，因為並非和鎖定的營運項目相關聯。

會員基本資料的填寫，需要聚焦在鎖定的營運項目上！

因為 Facebook 的 CRM（顧客關係管理系統）做的非常好，Facebook 可以依據會員資料推薦給你加好友的受眾群。如：帳號資料聚焦在寵物狗的類別，Facebook 推薦加好友的受眾群，也會鎖定在喜愛狗的類別，極少會出現貓類別的受眾群，這對社群炒家來說可是節省大量投入的成本。

傳統的社群炒作帳號，資料完善率大多很低，但是要打正規的社群行銷戰，可不能這樣喔！

傳統社群炒作和詐騙集團的粉專帳號，通常資料完善率極低，因覺得隨時會被用戶檢舉，或是遭受演算法鎖定，大多認為帳號是消耗品，不值得在帳號上下功夫，所以不會花太多成本去經營帳號。但是打正規社群行銷戰，絕對不可以如此行之，必須讓帳號成為高績效、高互動、高權重的優質帳號，要讓其他用戶認為你是具備吸引力的真實活人帳號，才能對企業產生最高的行銷效益。

一、Facebook 完善基本資料：

1. 點擊塗鴉牆右上方『倒三角形』圖示。

圖 3-1 倒三角形圖示

2. 下拉點選『XXX 查看你的個人檔案』。

圖 3-2 查看你的個人檔案

3. 可從『動態時報』左下的簡介欄目：『編輯詳細資料』、『新增嗜好』、『編輯精選』詳細填寫每一項內容。

圖 3-3　編輯詳細資料 / 新增嗜好 / 編輯精選

4. 或是從上方『關於』選項進入，進行填寫『總覽』、『學歷和工作經歷』、『住過的地方』、『聯絡和基本資料』、『家人和感情狀況』、『你的相關資料』、『生活要事』欄目下的各項內容，空格和留白處越少越好，盡力填滿各欄位內容。

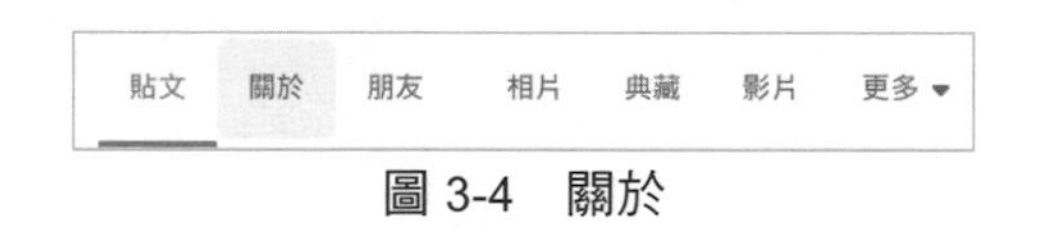

圖 3-4　關於

關於
總覽
學歷與工作經歷
住過的地方
聯絡和基本資料
家人和感情狀況
你的相關資料
生活要事

在中華民國擔任國民
就讀輔仁大學
現居蘇州市
來自台北市
單身
0965
行動電話

圖 3-5　填寫關於各項內容

二、Instagram 完善基本資料：

❶ 桌機版：從個人首頁上方點選『編輯個人檔案』，詳細填寫『個人簡介』。

圖 3-6　編輯個人檔案

pink ••••••••••••••
更換個人資料相片

姓名　姜••

使用你被大眾所熟悉的姓名／名稱，例如全名、暱稱或商家名稱，幫助其他用戶探索你的帳戶。

你在 14 天內只能變更姓名兩次。

用戶名稱　pink••••••••••••••

在大多數情況下，你可以在 14 天後將用戶名稱改回 pink ••••••••••••••。瞭解詳情

網址　https://www.facebook.com/profile.php?id= •••••

個人簡介　很多時候，我覺得我對自己要求挺高的，身邊的很多朋友都覺得我有強迫症。雖然他們說和我一起出去玩的時候有些苦惱，但是很

個人資料

即使此帳戶的使用對象是企業商家、寵物或其他主題，也請提供你的個人資料。此資料不會顯示在你的公開個人檔案中。

電郵地址　pink••••••••••••••@outlook.com

確認電郵地址

電話號碼　電話號碼

性別　女性

圖 3-7　個人簡介

❷ 安卓手機版：點選右下圓形大頭照進入，在選擇上方『編輯個人檔案』，詳細填寫『個人簡介』。

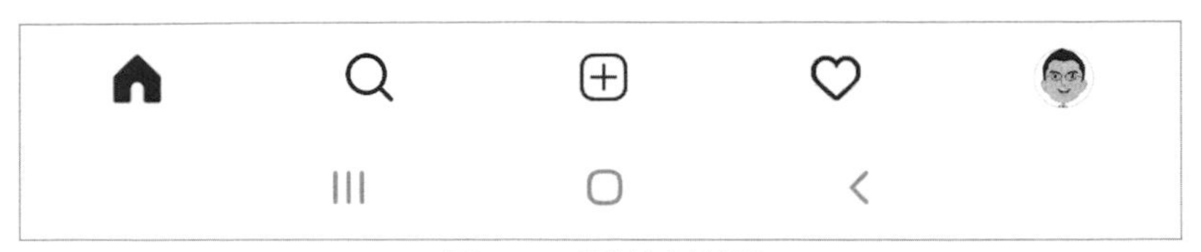

圖 3-8　圓形大頭照

圖 3-9　編輯個人檔案

09:43
56%
編輯個人檔案
更換大頭貼照
Name
林建睿
用戶名稱
akiratalk
網站
http://eplay.com.tw/
個人簡介
知曉了為何能變強 與我攜手 前進吧

圖 3-10　個人簡介

3-2　積極參與 FB 互動機制

一、積極參與平台活動：

在上章節裡，強調必須讓所有行銷帳號都成為高績效、高互動、高權重的優質帳號，除了完善個人資料之外，另一項重點是必須『積極參與社群平台方所提出的各種訊息活動、新增小工具和系統機制』。

如：張 OO，協助預防新冠病毒傳播 台灣衛生福利部疾病管制署建議你到公共場所時佩戴口罩遮住口鼻，預防新冠病毒傳播。如須瞭解詳情，請前往其網站。若想取得更多防疫祕訣和最新準則，請前往新冠病毒資訊中心。

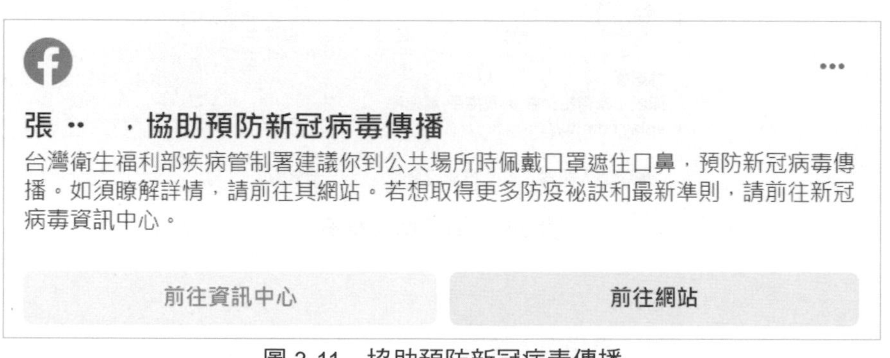

圖 3-11　協助預防新冠病毒傳播

這是 Facebook 官方在 2020 年所提出的活動訊息區塊，相信各位在塗鴉牆裡應該有見過，下方有兩個『前往網站』和『前往資訊中心』的按鍵，都需點選進去，之後網頁需拖拉一下捲軸，因為這些互動過程都會被 Facebook 追蹤記錄下來，對帳號權重都有累計的效益。

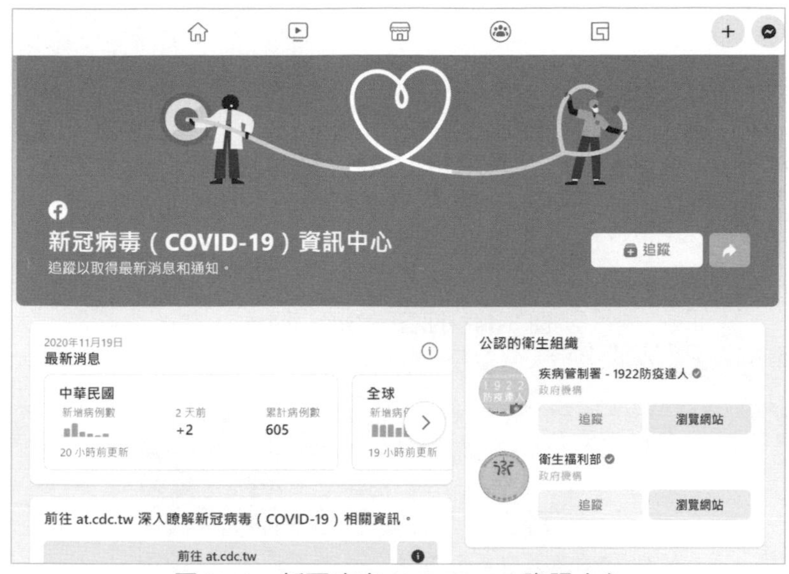

圖 3-12　新冠病毒 (COVID-19) 資訊中心

Facebook 在特殊節日也會新增趣味互動機制，通常顯示在塗鴉牆和個人帳號左方區塊，這是一定要主動參與，而且各欄位的內容務必盡力填滿，空格和留白處越少越好。

圖 3-13　今天是世界心理健康日

圖 3-14 回答一份簡短問卷

圖 3-15 Messenger 視訊圈

二、詳細填寫個人資料頁的選項內容：

在個人資料頁的上方，點『更多』的選項，還會下拉出『打卡動態』、『運動』、『音樂』、『電影』、『電視節目』、『書籍』、『說讚的內容』、『活動』、『問題』、『評論』、『社團』…等。別懷疑，每一項都必須產出豐富的內容，請記得需聚焦在該帳號鎖定的營運項目內容，如實在很忙又欠人手幫忙，最少建入 10 筆資料。

圖 3-16　更多的選項

三、編輯封面相片：

封面相片不該隨意上傳風景圖片，這是重要門面所在，需使用和該帳號鎖定的營運項目內容高度關聯，且是創意設計過的圖片，讓一進入個人資料頁的用戶，可立即辨識是不是同一掛、要不要再下拉視窗深入瞭解和值不值得加好友的依據之一。

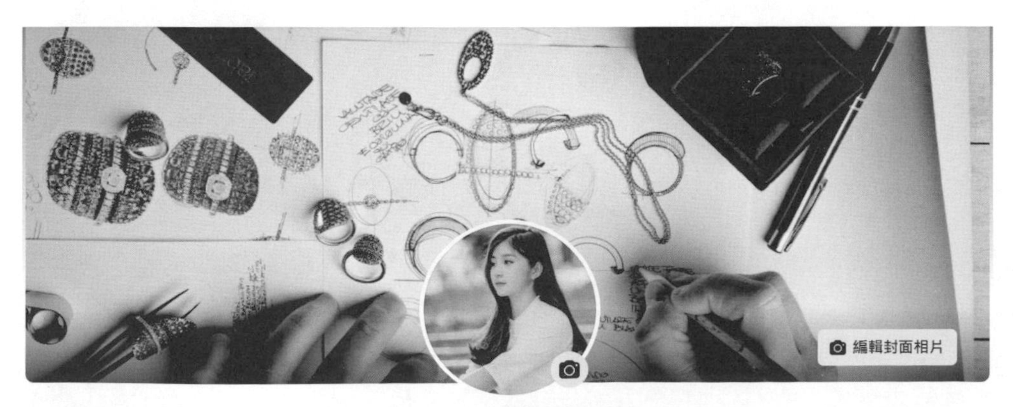

圖 3-17　編輯封面相片

如實在沒能力設計製作怎辦？

建議到 CC0 網站裡搜尋，就有很多高度創意設計的影像作品，以下是國際上較為熱門，且影像收藏量極大可商業應用免付費的影像銀行：

1. Pexels

   https：//www.pexels.com/

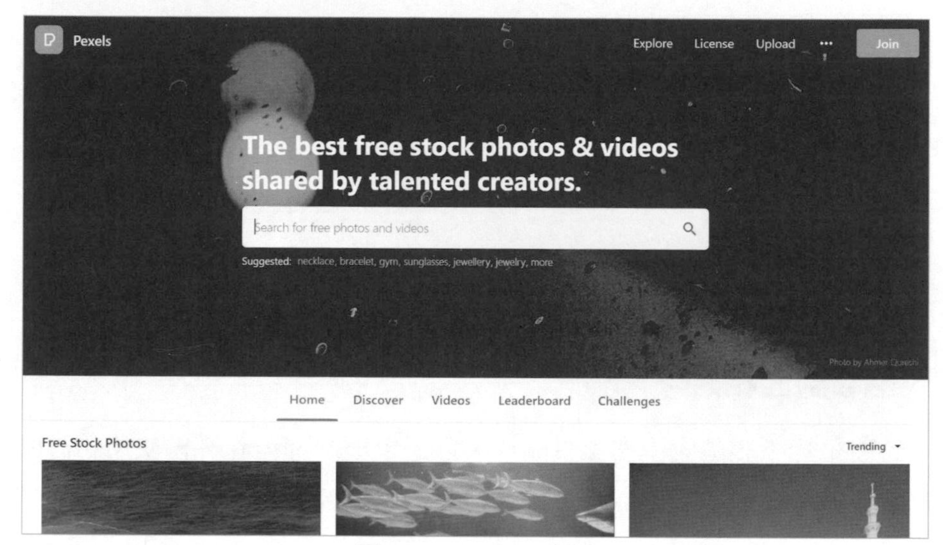

圖 3-18　Pexels 官網

2 Pixabay

https：//pixabay.com/

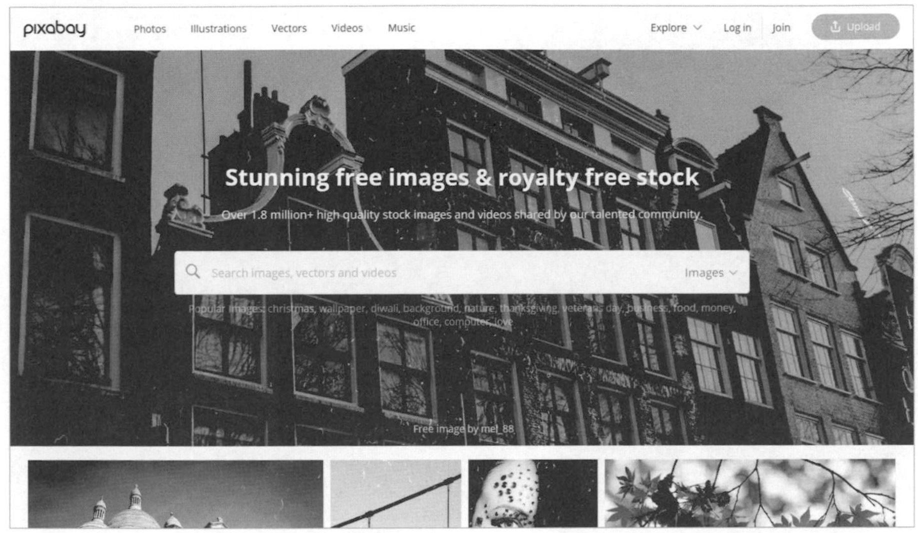

圖 3-19　Pixabay 官網

3 Stocksnap

https：//stocksnap.io/

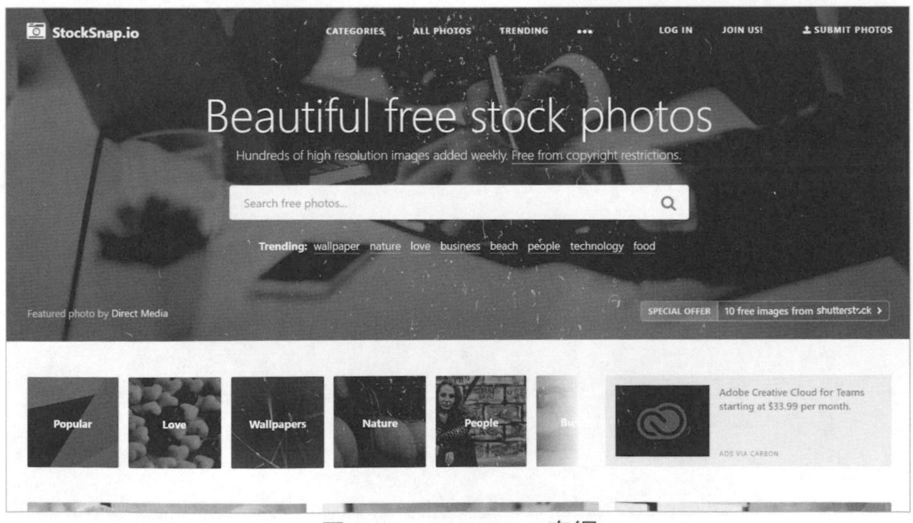

圖 3-20　Stocksnap 官網

4 Avopix

https：//avopix.com/

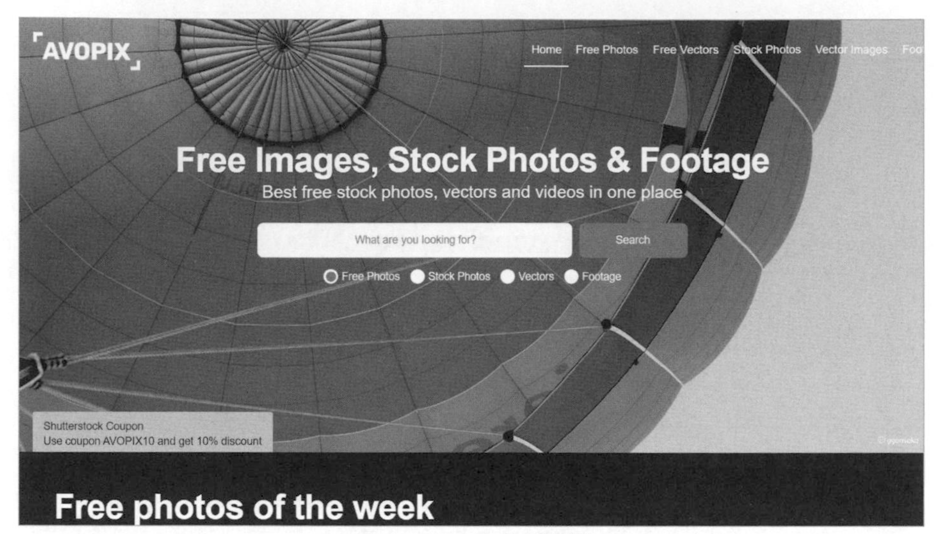

圖 3-21　Avopix 官網

5 Unsplash

https：//unsplash.com/

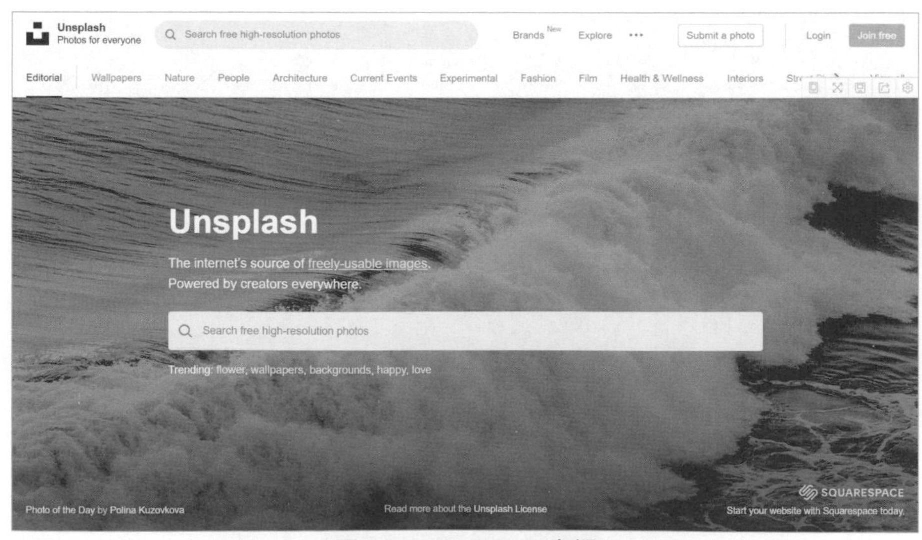

圖 3-22　Unsplash 官網

6 Foter

http：//foter.com/

圖 3-23　Foter 官網

7 Shopify

https：//burst.shopify.com/

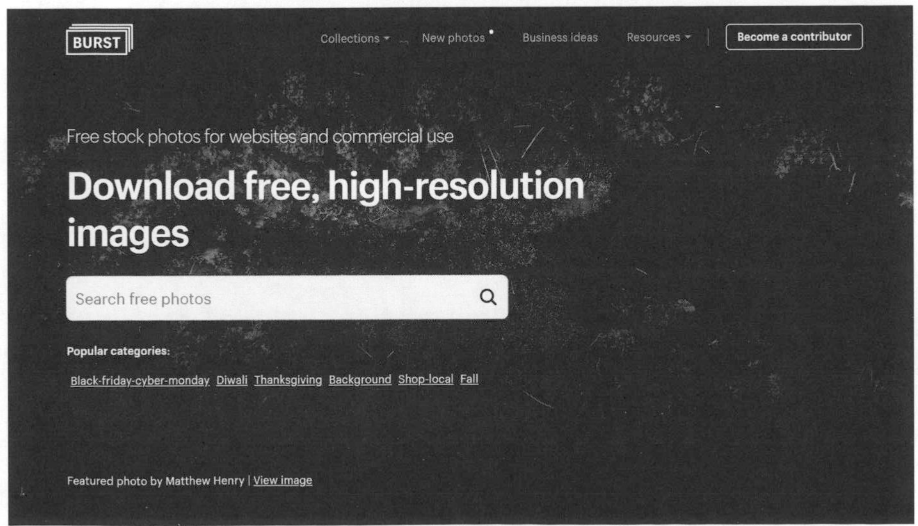

圖 3-24　Shopify 官網

8 Visualhunt

https：//visualhunt.com/

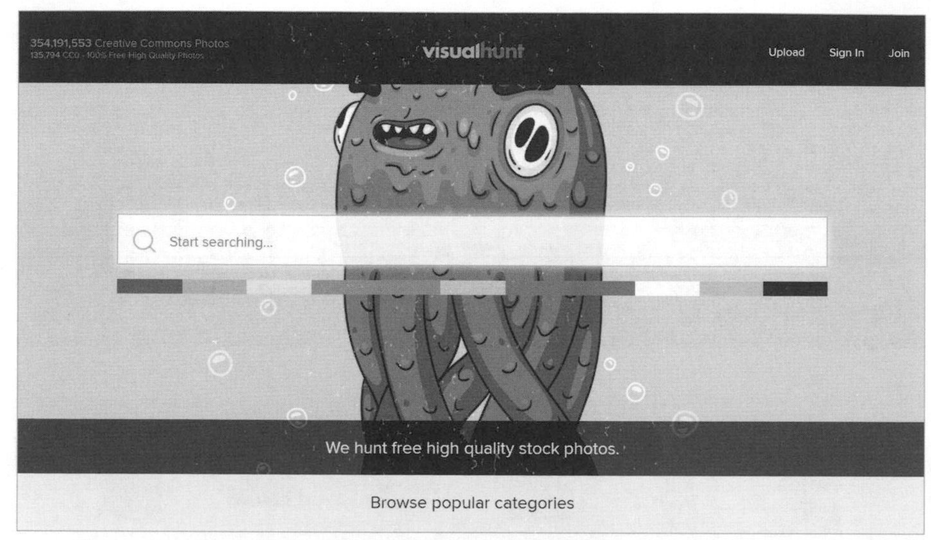

圖 3-25 Visualhunt 圖檔

四、檢查動態時報的設定：

行銷帳號是需要累積好友量，所以必須將『你的動態』（誰可以查看你往後的貼文）設定成『公開』，其他用戶看到歷史貼文和個人基本資料後，才會增加同意加好友的意願。另外，也必須允許其他用戶分享你的公開限時動態到他們自己的限時動態裡，如此一來，貼文內容即可像病毒傳播般擴散到他們的好友群裡。

『你的動態』設定步驟：

1 點擊塗鴉牆右上角『倒三角形圖示』。

圖 3-26 倒三角形圖示

2 下拉點選『設定和隱私』的選項。

圖 3-27　設定和隱私

3 在設定和隱私的下拉選項裡，繼續點選『設定』。

圖 3-28　設定

4 進入設定畫面後，點選左欄的『隱私』。

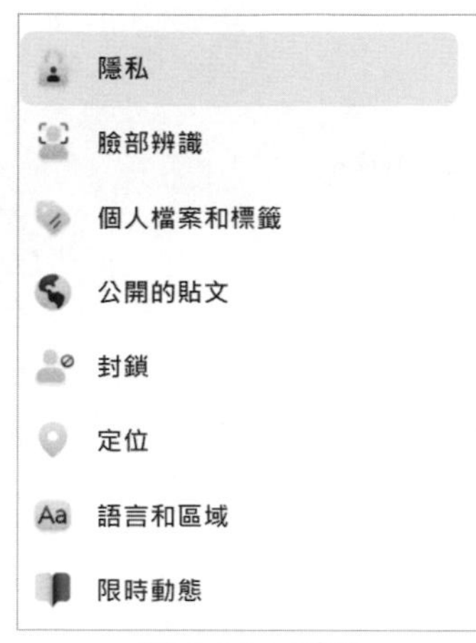

圖 3-29　隱私

5 接下來，在你的動態欄目下，誰可以查看你往後的貼文？右方點『編輯』。

你的動態			
	誰可以查看你往後的貼文？	只限本人	編輯
	檢查所有你被標註在內的貼文和內容		查閱動態紀錄
	限制你設定和「朋友的朋友」以及「公開」分享貼文的分享對象？		限制舊貼文分享對象
	誰可以看到你追蹤的人物、粉絲專頁和興趣清單？	只限本人	編輯

圖 3-30　你的動態

6 在彈出下拉選『公開』。

圖 3-31 公開

7 再點右上角『關閉』即可。

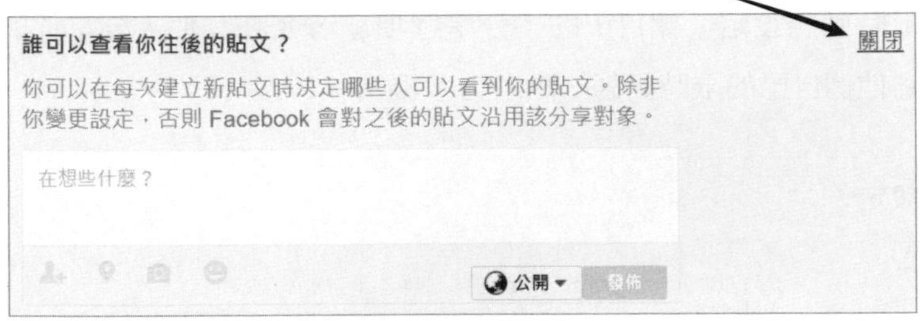

圖 3-32 關閉

接下來，是限時動態的設定步驟：

1. 繼續點選左欄下方的『限時動態』選項。

圖 3-33　限時動態

2. 在『限時動態設定』欄目下的『分享選項』，允許其他人分享你的公開限時動態到他們自己的限時動態？點右方『編輯』。

限時動態設定

分享選項	允許其他人分享你的公開限時動態到他們自己的限時動態？	允許	編輯
	允許你提及的用戶分享你的限時動態？	不允許	編輯

圖 3-34　限時動態設定

❸ 彈跳下拉選『允許』。

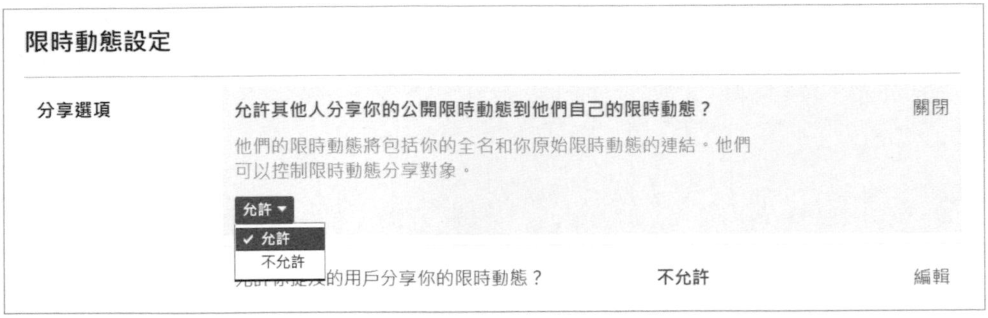

限時動態設定

分享選項

允許其他人分享你的公開限時動態到他們自己的限時動態？ 關閉

他們的限時動態將包括你的全名和你原始限時動態的連結。他們可以控制限時動態分享對象。

允許 ▾

✓ 允許

不允許

的用戶分享你的限時動態？ 不允許 編輯

圖 3-35 允許

❹ 再點右上角『關閉』即可。

進行 SEO 優化與帳號分群管理

4-1 所有的行銷，都先從 SEO 優化開始

4-2 簡易的關鍵字探勘步驟

4-3 如何進行關鍵字發散？

4-4 關鍵字所需發散數量

4-5 思維層級需拉升一階

4-6 依照關鍵字分群管理

4-7 關鍵字 Map 分析

4-1 所有的行銷，都先從 SEO 優化開始

不少創業者是無官網，只有 Facebook 粉專，有的企業雖有形象官網和粉專，可惜未曾進行完善的行銷策略和計畫，大多是在營收不佳的情況下，才進一步正式著手社群行銷和投入 SEO（搜尋引擎優化）。這種狀態幾乎都得打掉重練，重新來過，才能徹底調整體質。

因此，正確的建置和規劃流程應該是：

先做好SEO規劃和計畫，再從SEO優化角度去建立官方網站。

要依據 SEO 關鍵字探勘的基礎，再去進行社群行銷、粉專經營、以及 Facebook 與 Instagram 的廣告投放。

如此，才能以最低的行銷成本達成最高轉化成效。

所以無論是要從事建置官網、社群行銷、廣告投放和關鍵字廣告的任務，都必須先從『關鍵字探勘』的步驟為啟始。

所有的行銷，都先從『關鍵字探勘』的步驟為開始！

簡單來說，就是要對公司產品或服務項目屬性，思考出相關聯關鍵字，並且將這關鍵字群進行分群分類管理。

而後，無論是官網、粉專經營所需的內容，都要依不同的關鍵字分類來發散內容。

再來，之前所建立的這麼多分身帳號，也是要依關鍵字來做分類管理，也就是說，帳號分群分類，需依關鍵字規劃而定。

4-2 簡易的關鍵字探勘步驟

一、思考主要關鍵字

首先聚焦在營運項目上，思考出最主要具代表性的 5-10 個關鍵字。

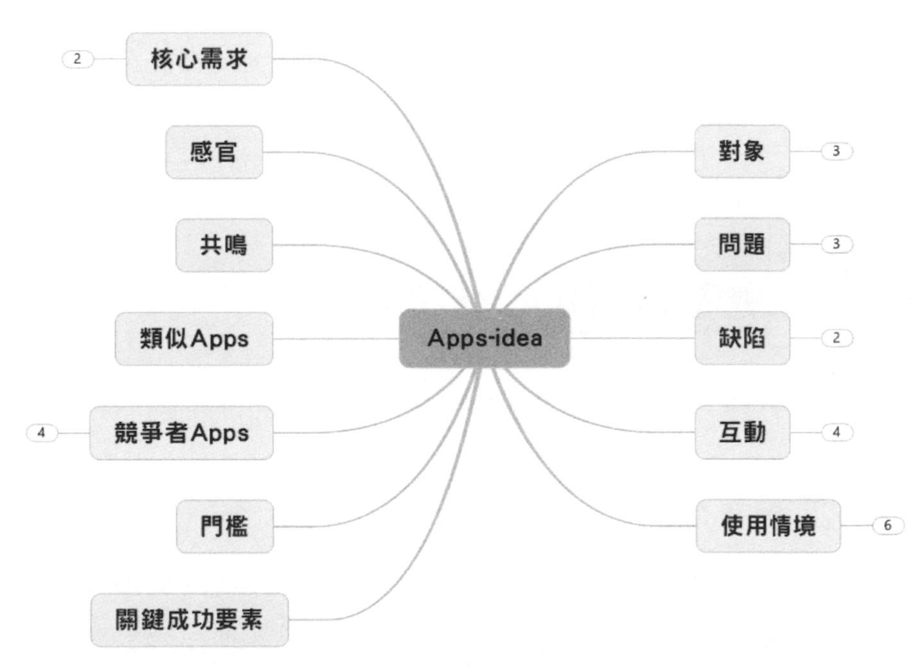

圖 4-1　思考具代表性的關鍵字

二、發散關鍵字

建議使用和 MindJet（MindManager） 類似的 Mind Tool 心智圖工具，去發散多維度的 Map，會比使用 PowerPoint 和 Word 直線思考來的方式，其面向更廣更全面化。

MindJet 官網

https://www.mindmanager.com/

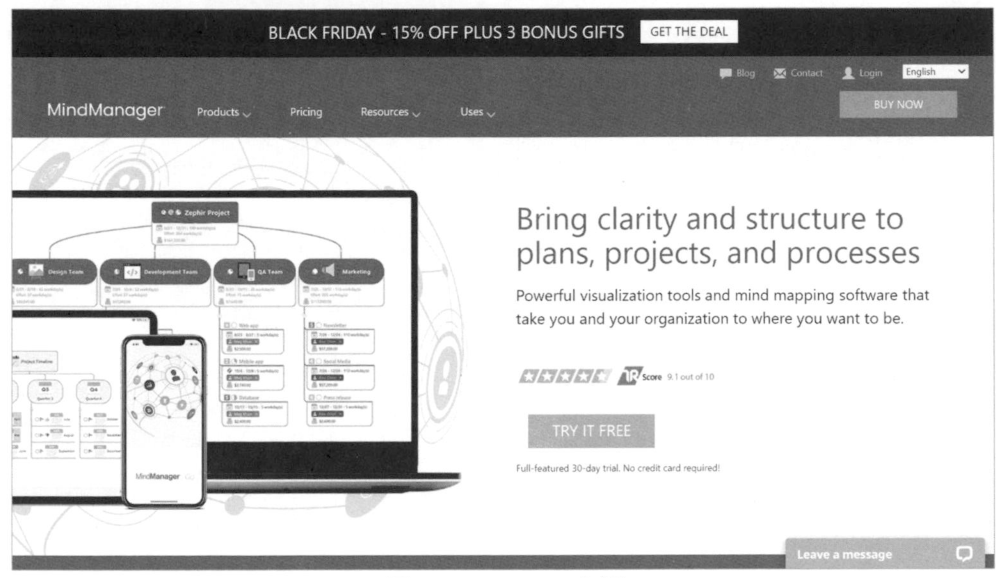

圖 4-2　MindJet 官網

三、完成關鍵字 Map

把營運項目寫在Map中間，第一層寫上最主要具代表性的5-10個關鍵字；其下，各階層各枝節的發散，最好也是採關鍵字的方式來進行，勿寫成句子，字串長度控制在 5 字上下為佳，切勿過長，長句子會鎖死關鍵字的範圍。

4-3 如何進行關鍵字發散？

發散時關鍵字時，最重要的就是資料庫要足夠豐富，可以透過以下幾個管道，來擴充資料庫，收集關鍵字，並進行發散：

一、Google 搜尋引擎

使用 Google 搜尋引擎，輸入關鍵字後，搜尋結果頁的下方，會顯示關鍵字相關搜尋的字串連結，可以此方法來收集各階層關鍵字。

Google 官網

https：//www.google.com.tw/

圖 4-3　Google 相關搜尋結果

二、維基百科

利用維基百科的分類索引功能，一層層探索收集關鍵字。

維基百科官網

https：//zh.wikipedia.org/wiki/Wikipedia：分類索引

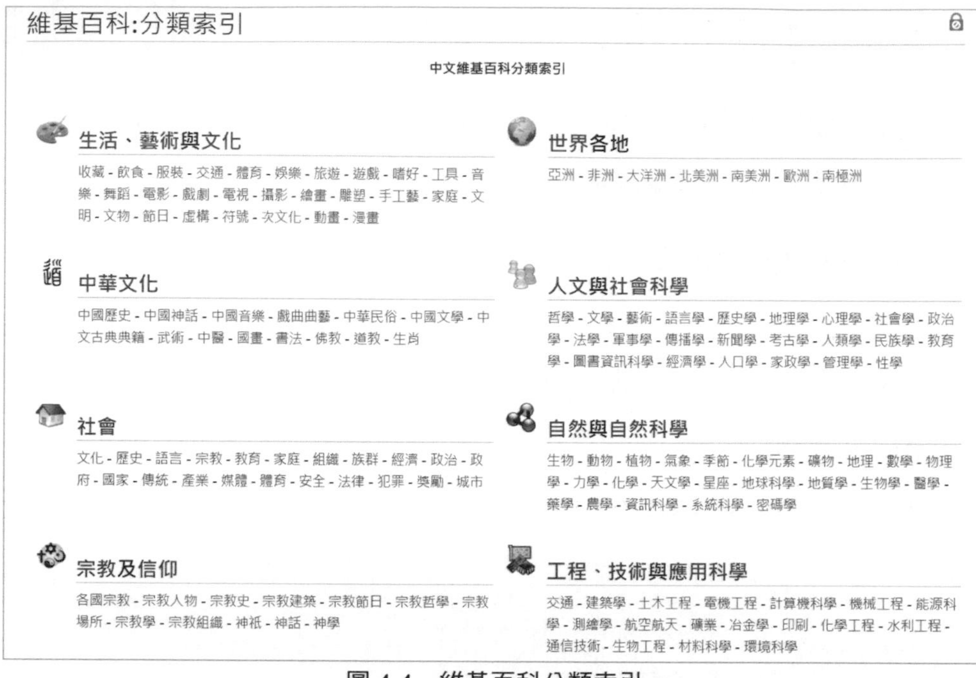

圖 4-4 維基百科分類索引

三、奇摩知識 +

在奇摩知識 + 的搜尋欄位裡，輸入關鍵字，下拉到最下方，會顯示其他相關詞的字串（同等發散的第二階層），接續點選任一相關詞的連結，再繼續下拉到下方的其他相關詞（同等發散的第三階層），以此類推進行所需的關鍵字採集。

奇摩知識 + 官網

https：//tw.answers.yahoo.com/

圖 4-5 奇摩知識 + 官網

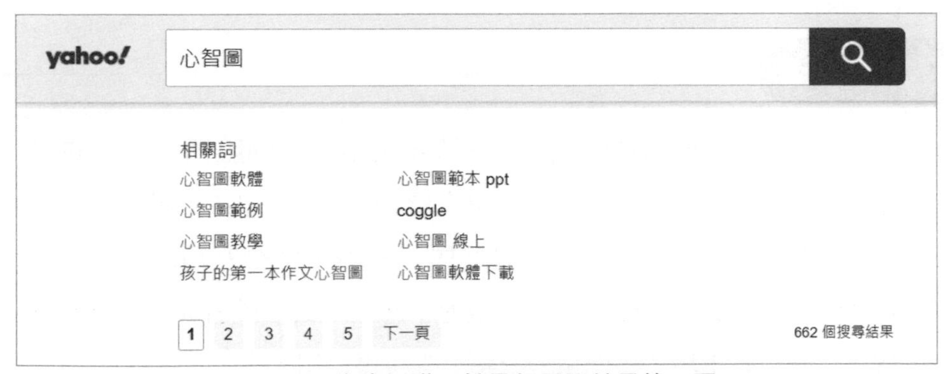

圖 4-6 奇摩知識 + 搜尋相關詞結果第二層

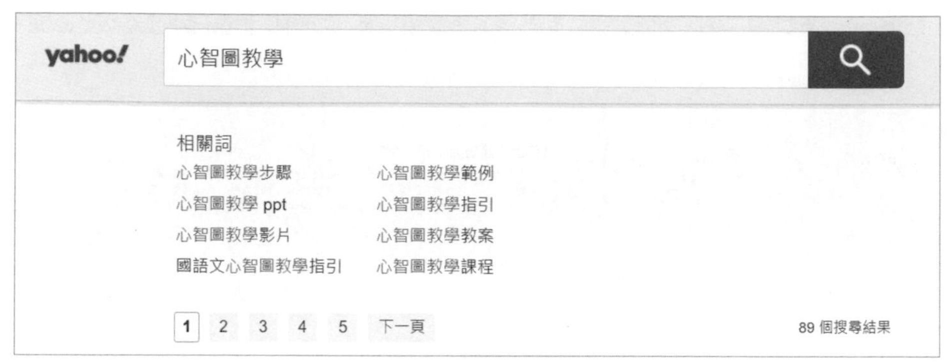

圖 4-7 奇摩知識 + 搜尋相關詞結果第三層

四、微博

如需採集較為新穎訊息的關鍵字，建議連結到對岸的網站或應用程式。歐美流行時尚界的新資訊，會先進入北京、上海和廣州等地；再者，簡體轉繁體也比翻譯不同國度語言容易許多。因此，不妨透過微博網站的『熱門微博分類』，以及左欄的『熱門』、『頭條』、『榜單』這三項，來探詢和採集關鍵字。

TIPS

電腦端微博網站會阻擋台灣 IP 連結到中國的伺服器，台灣 IP 會鎖定顯示台灣訊息，不會出現對岸完整內容，需以 VPN 翻牆改成中國 IP 位置，才能連接到中國伺服器內。如不想這麼麻煩的話，請在 GooglePlay 或 Apple Store 下載『微博』應用程式，就會顯示對岸完整內容，當然也會出現『熱門微博分類』等可供使用。

微博官網

https：//weibo.com/

圖 4-8　微博官網熱門頁面

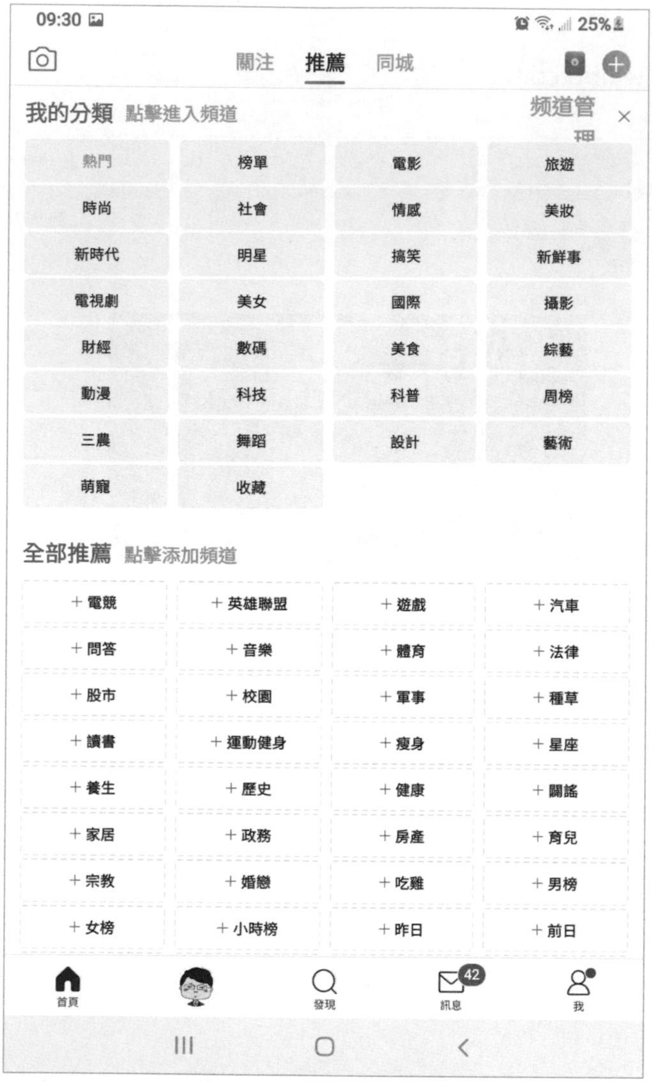

09:30 25%

關注 推薦 同城

我的分類 點擊進入頻道 频道管理

熱門 榜單 電影 旅遊
時尚 社會 情感 美妝
新時代 明星 搞笑 新鮮事
電視劇 美女 國際 攝影
財經 數碼 美食 綜藝
動漫 科技 科普 周榜
三農 舞蹈 設計 藝術
萌寵 收藏

全部推薦 點擊添加頻道

+ 電競 + 英雄聯盟 + 遊戲 + 汽車
+ 問答 + 音樂 + 體育 + 法律
+ 股市 + 校園 + 軍事 + 種草
+ 讀書 + 運動健身 + 瘦身 + 星座
+ 養生 + 歷史 + 健康 + 闢謠
+ 家居 + 政務 + 房產 + 育兒
+ 宗教 + 婚戀 + 吃雞 + 男榜
+ 女榜 + 小時榜 + 昨日 + 前日

首頁 發現 42 訊息 我

圖 4-9 微博行動端分類

五、今日頭條

除了剛剛所提的『微博』應用程式，各位還可以安裝『今日頭條』應用程式。

今日頭條官網

https://www.toutiao.com/

圖 4-10　今日頭條官網

今日頭條應用程式以安卓版為例：

1. 點擊右上『三』其他選項圖示。

圖 4-11　其他選項圖示

❷ 會進入我的頻道頁面，其下有 63 個分類。點選右上角的『編輯』，在各分類名稱右上會出現『X』，點『X』即可移除該分類。

09:38 27%

我的频道 点击进入频道 编辑

关注	推荐	小视频	热榜
视频	音乐	软件	要闻
动漫	艺术	奢侈品	国际
探索	互联网	家电	酷玩
电玩	问答	漫画	美文
生活	搞笑	影视	摄影
科技	美食	收藏	历史
酒	手机	数码	宠物
三农	房产	职场	故事
家居	旅游	精选	读书
文化	情感	教育	时尚
星座	传媒	心理	懂车帝
穿搭	养生	武器	国风
图片	热点	育儿	微头条
圈子	娱乐	健康	电影

圖 4-12　63 個分類 / 編輯

圖 4-13　移除分類

❸ 在我的頻道頁面往下滑，還會顯示其他分類名稱，在各分類名稱左側會出現『+』，點『+』即可新增該分類。

频道推荐 点击添加频道

+ 党媒推荐	+ 小游戏	+ 八卦	+ 小康
+ 抗疫	+ 排球	+ 国际足球	+ 台海
+ 网球	+ 综艺	+ 台球	+ 冬奥
+ 高尔夫	+ 棋牌	+ 羽毛球	+ 减肥
+ 瘦身	+ 中超	+ 西甲	+ 保险
+ 5G	+ 钓鱼	+ 法制	+ 乒乓
+ 搏击	+ 本地	+ 军事	+ NBA
+ 股票	+ 辟谣	+ 彩票	+ 公益

圖 4-14　新增分類

❹ 跳回『首頁』，點選上方『推薦』，或同欄位向左划動，就可查看選擇所有分類選單。以此方法就可獲得各種最新訊息，用以採集所需關鍵字。

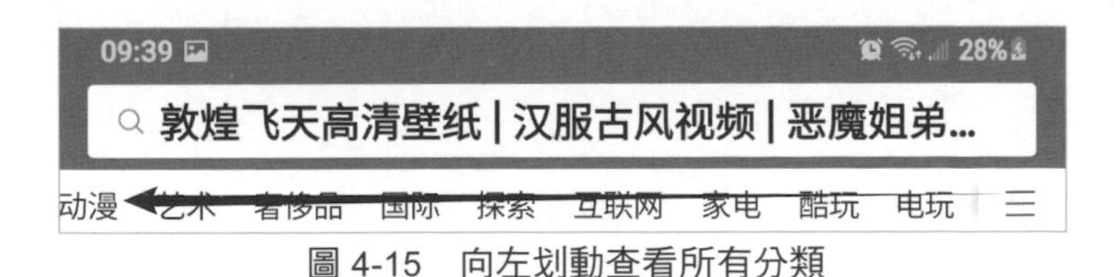

圖 4-15　向左划動查看所有分類

4-4　關鍵字所需發散數量

各階層各枝節要發散出多少數量的關鍵字才夠？

如果是個人工作室，至少需要 50-100 筆關鍵字；公司行號最好能拼出 250-500 筆關鍵字。筆者對自己團隊伙伴們的要求，都是最少 500 筆以上。如此，才能支撐 3 年以上的網站建置和行銷推廣內容需求度。

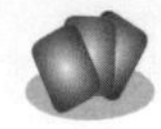

請問，關鍵字能不能先發散
一年的內容需求用量就好了？

我常看到不少失敗的例子：

當然不行！因為有太多失敗
的例子曾經發生過了！

首先，是邊做邊想者，這種生命期特短，一遇到阻礙很快就會放棄。

其次，是先搞個半年看看，通常只能撐幾個月就半路夭折。

再來，是規劃一年份，沒紅就投降，但在 Facebook、Instagram 和 YouTube 有多少人（帳號），是可以在一年內就紅透半邊天？很少吧！當然下場就是時間一到自動退場而已。

最後，只有 1% 不到的人，是一開始就構思規劃 3-5 年內容用量者，堅持初衷拼搏到最後，才能血佔一席之地。

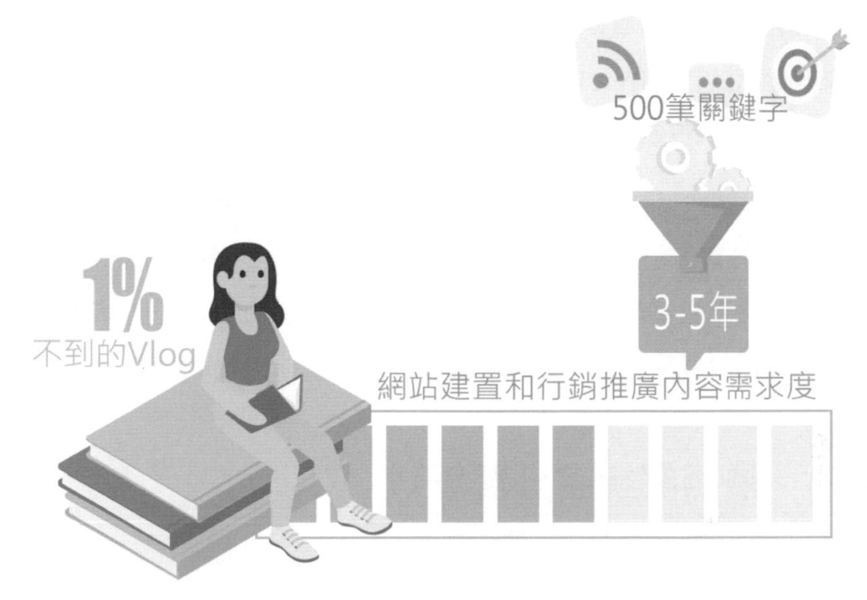

圖 4-16　構思規劃 3-5 年內容用量

4-5　思維層級需拉升一階

未經過 Map 發散訓練的人，都會覺得要發散出 500 筆是一件不可能的任務，其實不然，只要把思維的層次往上提升一階即可。

如主題是網頁配色，傳統思維一定是聚焦在『網頁配色』範疇去思考；若能往上提升一階從『色彩』著手，整體關鍵字的可發散範圍就可以更廣更深；如生命色彩、360 行的行業色彩、五行色彩、色彩計畫…等多元化的發散內容。

把思維的層次往上拉一階，就可以跳脫相同競爭者的經營模式了！

如是首飾的賣家，傳統思維模式當然鎖定在『首飾』上，官方粉專只會出現賣家有銷售的首飾貼文；若能往上提升一階從『手作』角度去發散關鍵字，絕對可以跳脫同行首飾賣家粉專的經營模式。

如主打商品是奶粉，傳統思維絕對是從『奶粉』角度去建置粉專，鐵定是經營純奶粉的官方粉專，奶粉有關貼文量頂多撐半年就玩完了，要想規劃出 3-5 年內容建置量當然困難；若能往上拉抬一階到『母嬰』的層次，從建置母嬰行銷渠道的層級來思考，即可輕而易舉向下發散出超過 500 筆關鍵字。

4-6 依照關鍵字分群管理

所有採集到的關鍵字，都需依照關鍵字的屬性進行分類。以 Map 發散形式來說，第一層就是最高層級最大分類所在，依序往下到最小分類。如能下向發展到第九層，整張關鍵字 Map 廣度會相當可觀，相對關鍵字涵蓋面也會是全方位。

關鍵字分類其實也等於是依內容來分群分類，關聯度高是同屬性的內容者，則歸為一大枝節，而後再依據分類，將社群帳號分群管理。因此，需記得各枝節間要做到壁壘分明，既不是同屬性，且是低關聯度的關鍵字，切勿放在同一枝節的脈絡裡。

發散關鍵字時，也要考量公司鎖定的服務項目和目標商品喔！

在發散各層各枝節關鍵字時，必須同時考量公司聚焦鎖定的服務項目或目標商品，邊發散，也要邊思考和服務項目或目標商品的關聯度。無關聯度等於離題，是屬無意義的關鍵字採集；高關聯度才能將關鍵字納入 Map 各枝節中。通常是到最末端第九層枝節，才出現目標商品或服務項目的名稱，這才是關鍵字地圖的正確發散方法。

本關鍵字地圖主要是為了官網內容建置、Facebook 粉專和 Instagram 帳號社群炒作，以及 Facebook 廣告投放的行銷推廣之用。因此，在採集關鍵字之時，有時會遇到特別關鍵字字群，建議不妨以 Note 形式記錄在 Map 裡，同時也可融入二十四個節氣和國定節日的特殊意涵，包裹成一個值得推廣的行銷活動。

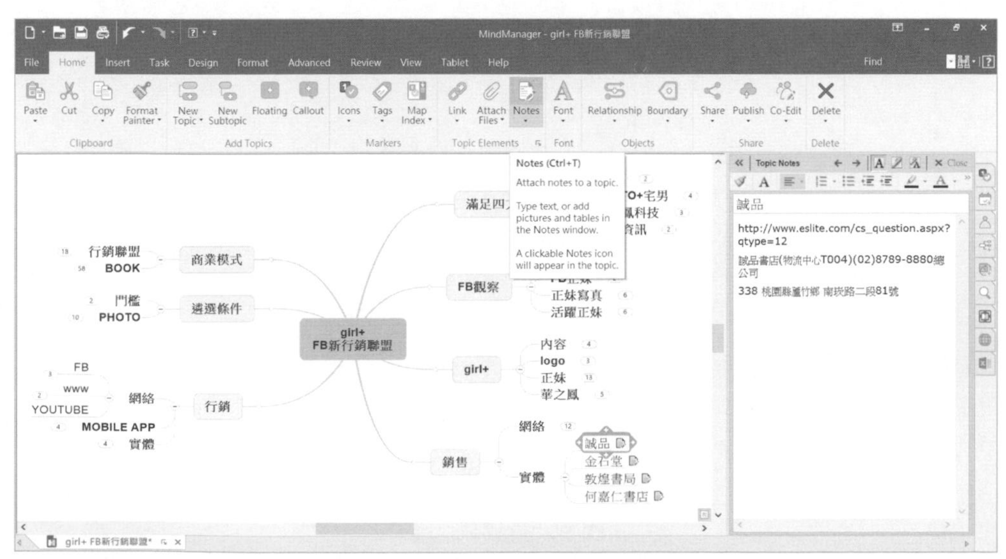

圖 4-17　以 Note 形式記錄在 Map

4-7 關鍵字 Map 分析

完成各階層各枝節發散的 Map 之後，接續要進行關鍵字分析和評估報告，這步驟是要把想法評估成可執行性的階段任務，要從顧客端、行銷推廣的角度和策略聯盟伙伴的思維去重新審視每一個發散枝節。

建議先複製成三個 Map 檔案，分別鎖定上述各一角度評估各枝節。之後，再把這三張 Map 去蕪存菁粹取成一張 Map。從這張 Map 依團隊實際的人力、物力和財力資源狀況，落實到各時間軸上，訂定好各時間點的建置和行銷推廣計畫。

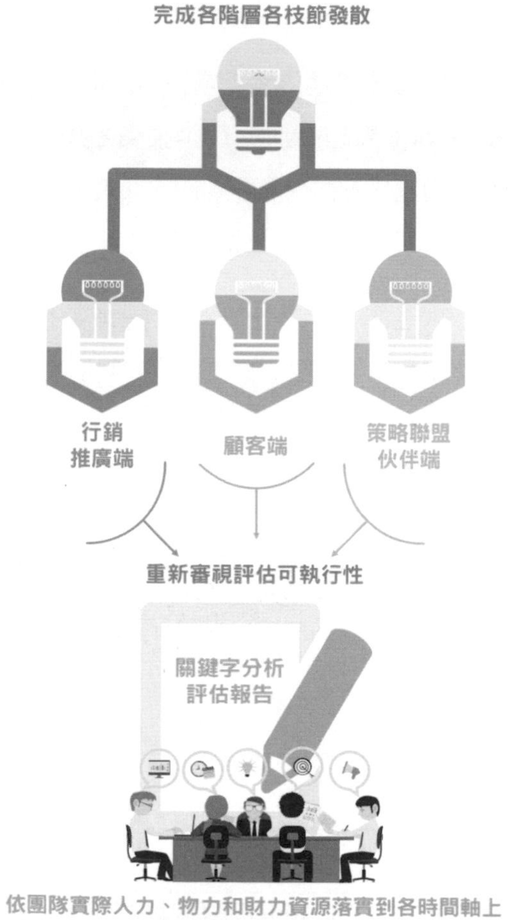

圖 4-18　關鍵字分析和評估報告

成為產業高績效互動的帳號

5-1　讓 Facebook 認識帳號的興趣與廣告偏好

5-2　積極點選和互動，提升帳號權重

5-3　鎖定業界廣告

5-1 讓 Facebook 認識帳號的興趣與廣告偏好

要想成為所屬產業的高績效互動帳號，需依據帳號分群和屬性，設定管理廣告偏好。如：該行銷帳號是針對大尺碼女性服飾，鎖定的內容和廣告訊息就應該是女性大尺碼、服飾、生活和流行時尚…等相關內容。因此，只要 Facebook 裡有顯示上述相關貼文，尤其產業競爭對手的廣告訊息，一定要點選廣告行動呼籲按鈕和粉專按讚。

競爭對手的廣告，
一定要點選和按讚喔！

一、新帳號必須讓 Facebook 知道該帳號的喜好，所以得先累積興趣相關資料：

1. 透過 Facebook 左上方搜尋列，分別輸入該行銷帳號的分群分類和聚焦的關鍵字群。

少淑女服飾

圖 5-1　Facebook 搜尋列

2. 在搜尋結果頁面下，左欄點擊『粉絲專頁』，在右方顯示的粉專清單裡，如出現同產業相關百大競爭者粉專，都需點右方『讚』，等於快速粉專按讚。

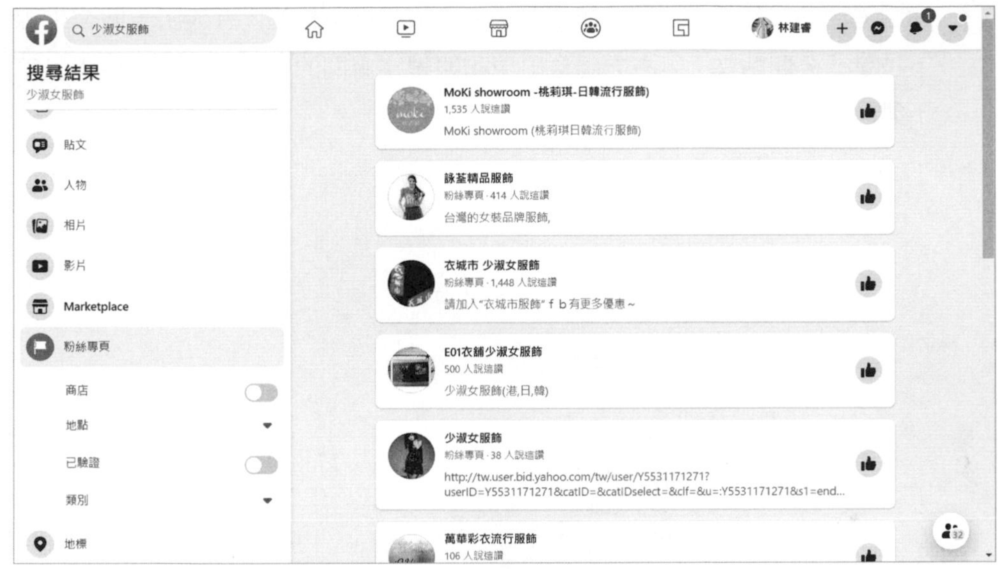

圖 5-2　快速粉專按讚

3 搞定粉專按讚之後，再著手貼文點讚。在搜尋結果頁面下，左欄點擊『貼文』。由於台灣企業很喜歡投放貼文互動廣告，所以可從此項積累興趣資料。

圖 5-3　貼文點讚

4. 你看過的貼文保持『關閉（灰色）』，發佈日期下拉選『今年』，貼文來源下拉選『公開貼文』，右方就會出現和關鍵字有關的貼文內容，請挑選覺得不錯的貼文點讚。

圖 5-4　發佈日期

圖 5-5　公開貼文

二、管理廣告偏好和設定方法：

1. 點擊塗鴉牆右上角『倒三角形圖示』。

圖 5-6　倒三角形圖示

2 下拉選單點選『設定和隱私』。

圖 5-7　設定和隱私

3 在『設定和隱私』選單，點擊『設定』。

圖 5-8

4 接續在設定畫面中，點擊左欄下方『廣告』。

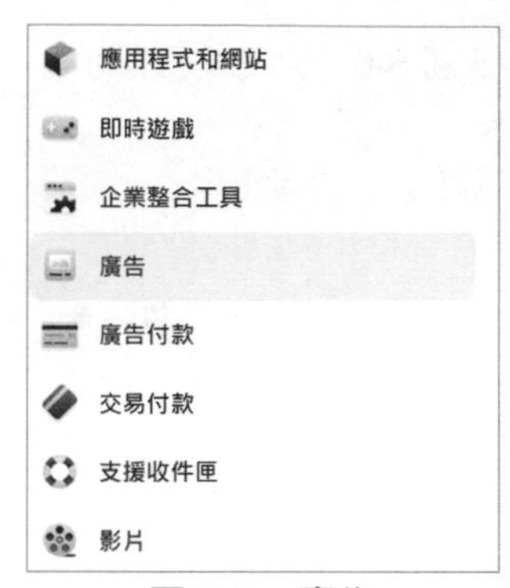

圖 5-9　廣告

5 在廣告偏好畫面中，左欄點擊『廣告商』，右欄顯示你近期最常查看的廣告商清單，與行銷帳號所屬分類性質不同的廣告商，可點擊『隱藏廣告』鍵，該類別的廣告將逐漸減少出現。點擊『查看更多』鍵，會再顯示更多廣告商。

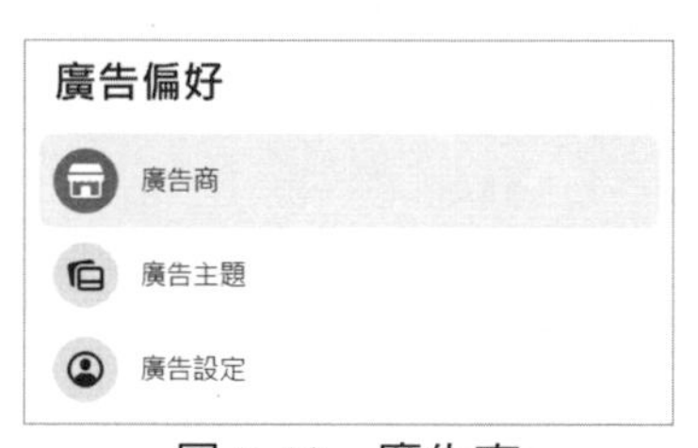

圖 5-10　廣告商

圖 5-11　隱藏廣告 / 查看更多

6 點擊下方『你隱藏的廣告商』選項，會進入已隱藏的廣告商清單。

圖 5-12　你隱藏的廣告商

7 如有誤隱藏的廣告商，則點擊『取消』鍵，將可重新顯示該廣告商的廣告。

圖 5-13　取消隱藏的廣告商

8 點擊左欄『廣告設定』選項後，接續右欄管理用於向你顯示廣告的資料區塊中，點選『用於觸及你的類別（用於觸及你的個人檔案資料、興趣和其他類別）』選項。

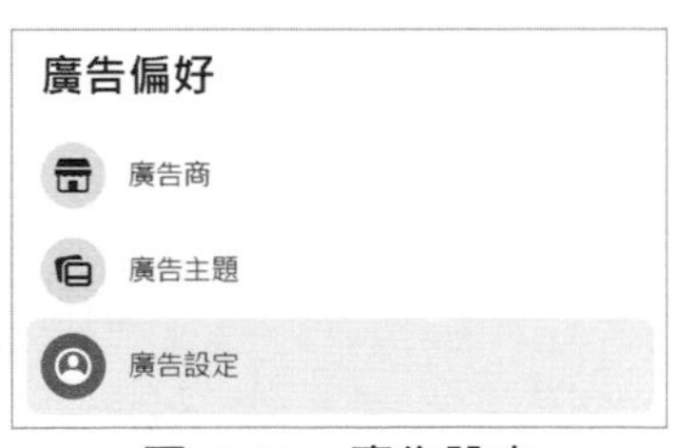

圖 5-14　廣告設定

圖 5-15　用於觸及你的類別

9. 在用於觸及你的類別視窗中，下方用於觸及你的興趣和其他類別裡，點選『興趣類別』選項。

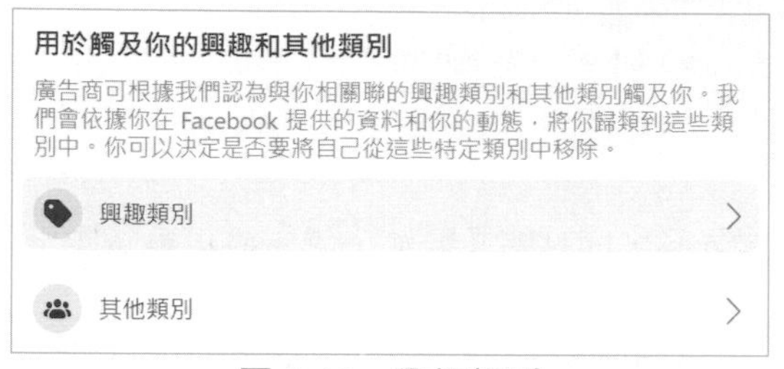

圖 5-16　興趣類別

10. 在興趣類別視窗裡，如有與行銷帳號所屬分類性質不相同的類別，則點擊『移除』。點擊『查看所有興趣』鍵，可顯示所有類別。

圖 5-17　興趣類別 / 查看所有興趣

11. 點選下方『已移除興趣』選項，可顯示已移除興趣的清單，如有誤移除者，可點擊『取消』鍵，即可恢復該類別的興趣。

圖 5-18　已移除興趣

圖 5-19　取消已移除興趣

5-2　積極點選和互動，提升帳號權重

積極點選和互動，即可提升帳號權重成為高績效互動帳號！

1. 主動三不五時到競爭者粉專貼文點讚。

圖 5-20　到競爭者粉專貼文點讚

2. 每日 30-45 分鐘，塗鴉牆點選單一產業的廣告，以及點擊到目標連結位置上；有時間的話，請再多點擊幾頁其他的頁面。

3. 一開始所屬產業廣告出現數量不多，請在每回出現同產業廣告時多點擊幾次，如：更多、超連結、按讚、行動呼籲按鈕…等，大約 2-3 天後同產業廣告數量就會變多。

4. 如出現競爭者的廣告，則全面點選所有可以互動的點擊位置。

5. 1-2 周後，塗鴉牆 30 分鐘內會出現 50 則以上所屬產業的廣告。

6. 該帳號即可成為產業高績效高互動帳號，此時非同產業的廣告也會三不五時穿插出現。

5-3　鎖定業界廣告

在塗鴉牆裡如出現非同產業的廣告，除了先前提到的『管理廣告偏好和設定方法』之外，最快應對的方法是：

❶ 點該則廣告右上角『…』

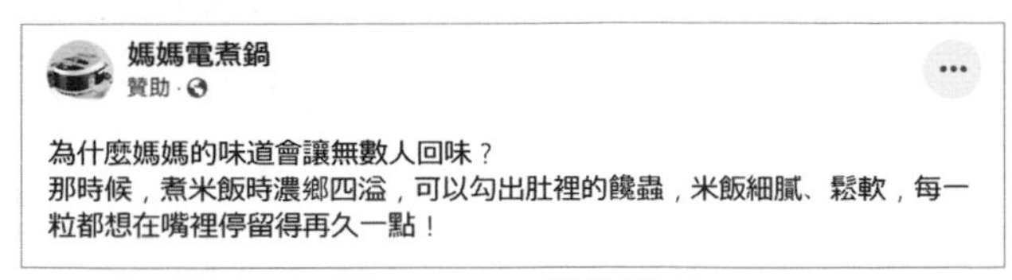

圖 5-21　…其他選項

❷ 下拉選擇『隱藏廣告』不要再看到這則廣告。

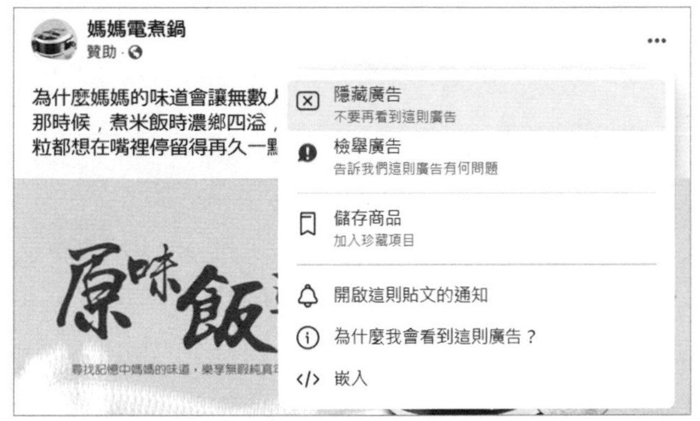

圖 5-22　隱藏廣告

❸ 接續彈跳出檢舉視窗，已隱藏廣告，請告訴我們你為何隱藏此廣告。請選擇『不相關』，在點『完成』。

圖 5-23　不相關

4 接續在跳出已隱藏廣告視窗下，點選『隱藏所有 XXX 的廣告』，系統會再顯示『XXX 的所有廣告都已隱藏。』，即可點擊『完成』鍵。

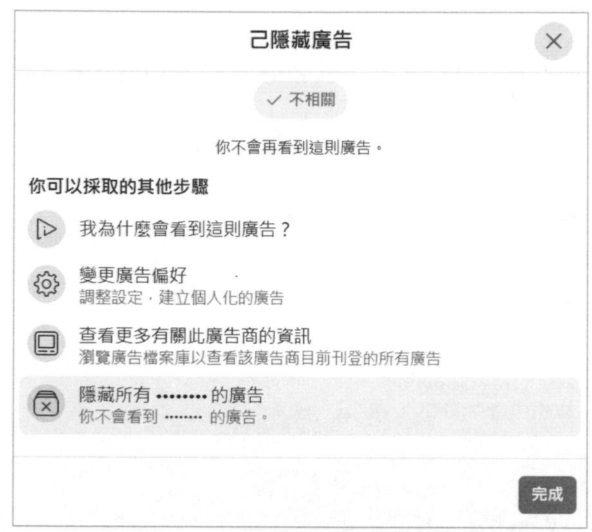

圖 5-24　隱藏廣告主所有廣告

圖 5-25　廣告主所有廣告都已隱藏

5 之後，會自動跳回塗鴉牆裡，在原廣告區塊，改顯示成『廣告已隱藏』你不會在動態消息中看到這則廣告。如此，只要訓練 1-2 週後，即可鎖定產業。

廣告已隱藏
你不會在動態消息中看到這則廣告。
取消

圖 5-26　廣告已隱藏

1 先退出所有粉專讚 + 追蹤，再從『二、積極點選和互動，提升帳號權重』的方法開始即可。

2 或者選擇換新帳號重頭來過，會比較快速完成新任務。

分身帳號設計技巧

6-1 對抗奧客文化，擬真化口袋名單

在前述章節裡，已說明社群炒作需要準備數十或數百筆行銷帳號，這些行銷帳號就是炒家所謂的口袋名單，所有個人資料都不能留白，要依照分配到需聚焦產業和屬性去擬造資料，不能讓社群平台其他帳號者認為是假帳號。

必須將所有行銷帳號真人化，讓帳號看起來和任何活帳號無差異！

口袋名單的創作方式，如同電影和電視戲劇腳本中的人物表，整個故事情節需融入社會各階層的人物。如：公司產品服務所在領域專家、可愛的女學生、白領上班族、粉領族、銀髮族、女神、小鮮肉、鄉民、好事者、花癡、癡漢、愛串門子的三姑六婆、正義魔人、特殊癖好者…等。

圖 6-1 融入社會各階層的人物

當要對抗台灣特有的奧客文化時，一般做法是立即開啟代表商家的帳號回應奧客，但如果應對不當，會立即造成商家毀滅性的大災難。

炒家的做法，是先開啟口袋名單裡鄉民、好事者、三姑六婆和正義魔人的帳號來應對，之後再開專家帳號評論，最後才以代表商家的帳號回應奧客。如此行之，可先滅掉奧客趾高氣揚囂張跋扈的氣焰，再以專家評論說說公道話，商家就可依風向狀況做出最佳最適當的回應。

圖 6-2　開啟口袋名單人物應對奧客

6-2　打造口袋名單人物表

撰寫口袋名單並不困難，可使用 Excel 軟體，在最上方各欄位分別輸入：社群平台、IP 位置、暱稱、帳號、密碼、Email、性別、姓名、個性、生日、年齡、體型（身高 / 體重）、生肖、血型、星座、所在城市、學歷、學校、專長、自我介紹、品位、飲食習慣、興趣、愛好、嗜好、寵物、口頭禪、慣用語句、幻想、夢想、收入、兼職…等等，可依照自己產業需求增減各欄位。如：美容產業可增加膚質、膚色、臉型、髮質、髮型、多久護膚一次、愛美程度…等等。

圖 6-3 設定人物特色

以下針對幾個較重要的欄位做簡單說明，好讓讀者能正確取捨各欄位：

一、IP 位置

倘若所有行銷帳號都在同區段 IP 位置，又使用同一個載具登入，會容易被判定為惡意炒作的行為。需將各個帳號固定分配在不同伺服器位置上，該位置要記錄在此 IP 欄位中（其原因會在 VPN 單元裡詳細說明）。

二、社群平台的帳號

通常是採已註冊電子郵件位置當作帳號。

三、暱稱

要取一個特別，又獨一無二的名稱，以吸引其他用戶目光。

四、生日、生肖和星座

生日、生肖和星座，
這三者是連帶關係！

尤其是星座，網路上有不少各星座與人格特質的資料，可以更快掌握人物特色，透過血型和星座的整合資料，更容易設定好個性欄位。

五、年齡的設定

大多數必須是聚焦在分類屬性的目標受眾群之年齡，小部分鎖定在領域專家、銀髮族、三姑六婆和正義魔人等較為年長的人物設定上。

六、所在城市、學歷和學校三欄

以最熟悉的地點優先，或是可以快速查詢到豐富資料者也可。

每個行銷帳號盡量設定不同，
少部分一樣也是在所難免！

七、興趣、愛好、嗜好、寵物、幻想和夢想…等六個欄位

是要用來強化人物特色，其興趣、愛好和嗜好三欄需聚焦在分配到的分類屬性，當然可以再往上增加生活化和趣味化的資料。

八、口頭禪

像館長在直播過程裡，每說上幾句都會加上一句罵人的髒話，這髒話就是口頭禪的一種。常有人習慣在語尾加上特定的語助詞，如：挖勒、然後、那…、再說吧、不要拉、呵呵、嘿嘿、哈哈哈、好的吧、啵棒、讚…等等。

九、慣用語句

如十大網路用語：五樓專業、灑花、689、BJ4、魯蛇、不意外、跪求、Orz、大大、XD。

其他慣用語句請見：

https：//zh.wikipedia.org/wiki/ 台灣網路用語列表

圖 6-4 台灣網路用語列表

口頭禪和慣用語句，通常使用在貼文和留言評論上，是最先展現人物個性和特色之處，因此，必須把所有行銷帳號都設計獨特的口頭禪和慣用語句。每次發表貼文前，小編需先瀏覽此項設定資料，且在整則貼文和留言裡，一定要使用上所設定好的特定字串。

每次發表貼文前，一定要熟悉人物表各欄內的資料！

筆者的行銷伙伴每人負責 20 個擬真人物，為了避免角色使用錯亂，搞錯特定人物的遣詞用語，會容易被鄉民抓包。所以每次發表貼文前，一定要先念三遍該人物表各欄裡所設定的資料，尤其要特別注意『口頭禪、慣用語句、個性、興趣、血型和星座』共六欄位；先在內心扮演和思維此角色，再以此人物自我為中心的角度來思考回文內容，邊思索邊寫在記事本裡，寫完唸三遍，確認無誤之後，再轉貼到社群平台裡。

圖 6-5　特別注意六欄位

7

使用 VPN 註冊行銷帳號與帳號管理

7-1 行銷帳號真人化、生活化

一、蒐集生活化影像

使用CC0圖庫下載影像時，需將同一個人的相關照片一起下載！

在前面設定大頭照的章節裡，有說明使用影像銀行 CC0 可商業應用免付費的圖片，下載影像時需將同肖像的相關照片一併下載，這就是為了蒐集生活化照片。

所有的行銷帳號都需真人化，才能順利累積朋友群，如只有一張真人大頭照，缺少日常生活化的照片，其他都和商品有關的照片，這容易被懷疑是賣家帳號。如同肖像相關照片只取得 10 張，而該行銷帳號的好友成長期若設定為 2 年，因此，每 2.4 個月上傳一張有完整肖像的照片，其他上傳只帶到身體局部的照片即可。

圖 7-1　上傳只帶身體局部照片

圖 7-2　CC0 照片上傳規劃

二、生活化的打造範例

有個不錯的帳號擬造範例，推薦各位讀者可以看『世界奇妙物語 2018 年春季特別篇』的電影，劇情共分四段，請看第一段即可：『文化出版公司的職員藤田小春，在網上將自己打造成香車、包包、富豪男友環繞的閃亮港區 OL，為了不輸給網路上的競爭對手，她落入了奢靡虛榮的深坑…』。

豆瓣電影

https://movie.douban.com/subject/30196755/

圖 7-3　豆瓣電影 / 世界奇妙物語 2018 年春季特別篇

影片裡需關注的畫面，並不是她奢靡虛榮的下場，而是要仔細看女主角在拍照取鏡和累積照片的過程，以及個人帳號首頁上的畫面和輸入的文字訊息，要看她是怎麼打造出一個虛擬 OL 高級秘書帳號。

並非每個行銷帳號的個人資料首頁上，都一定要上傳帶完整肖像的影像不可！

行銷帳號的主要重點是聚焦在『日常生活化的情境安排』創作上，要站在各個個人資料角度去設計。因此，在前述口袋名單裡才會有『興趣、愛好、嗜好、寵物…』的欄位，可由此資料的設定方向去蒐集生活化影像。

各位也可參考 Instagram 網紅慣用拍一半的構圖手法。拍攝時，主體不拍完全，只拍一部分，這樣能夠突出重點，又能給人回味的感覺。如：在@ insta_repeat Instagram 帳號裡，匯集網紅們模仿拍一半的構圖影像，不妨參考看看。

@ insta_repeat

https://www.instagram.com/insta_repeat/

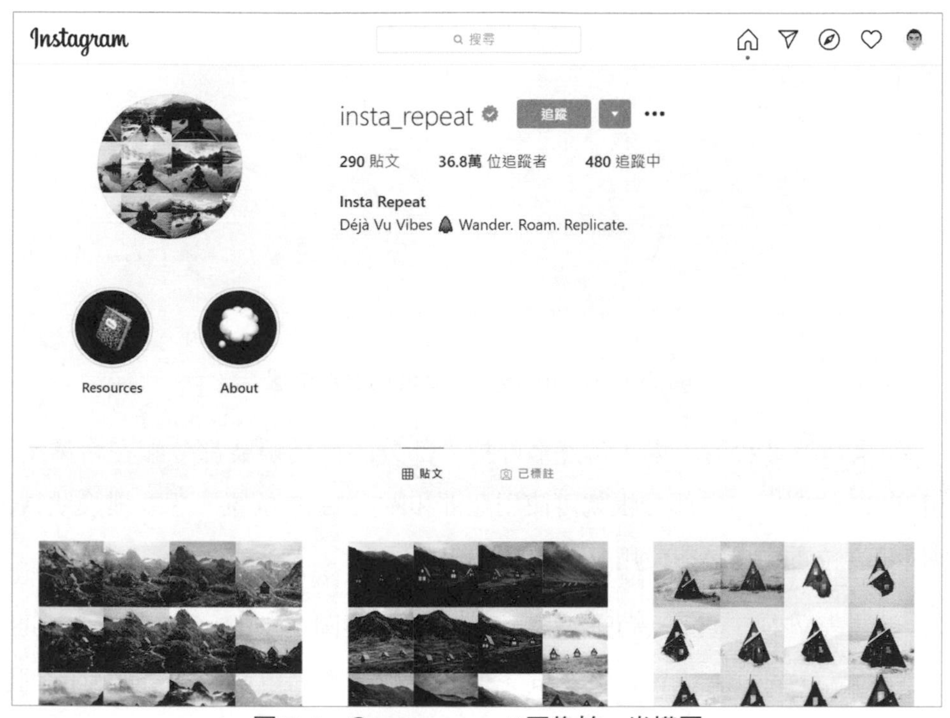

圖 7-4 @ insta_repeat/ 匯集拍一半構圖

7-2 使用 VPN 工具

一、VPN 工具塑造不同 IP 位置

在前面單元裡，曾說過切忌使用固定 IP 的連網線路，同 IP 大量登入登出不同的帳號，容易被演算法鎖定帳號。在不同的地點連網，IP 位置也會不同；

如建置 200 筆行銷帳號，得盡量將各帳號設定在不同區、不同縣市或不同國家，不但可降低被鎖率，同時也擬造了不同生活圈的訊息。

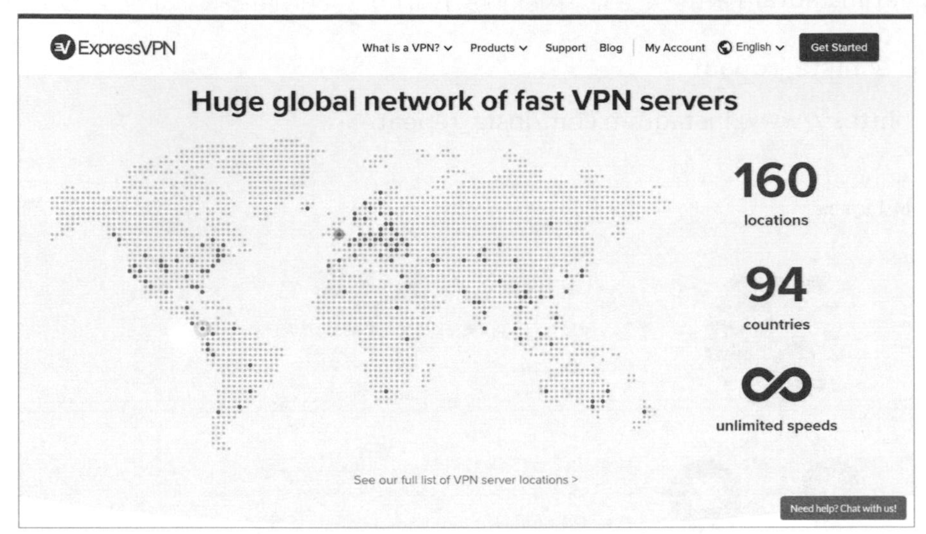

圖 7-5　Expressvpn 160 個伺服器位置

如果目標是台灣市場，當然最好把大部分的行銷帳號都分配在台灣不同縣市的 IP 位置上，少部分帳號可使用亞洲和歐美的 IP 位置。想要變換跳轉大量不同 IP 位置，就必須使用 VPN 工具。

有付費 VPN 工具，是可以挑選台灣十多個不同縣市的伺服器位置，伺服器所在位置不同，IP 位置也會不同。但個別帳號需固定使用所分配到的伺服器位置上；如 A 帳號使用台北伺服器，往後登入都需固定使用台北伺服器。倘若原本使用台北伺服器斷線後，改成跳轉高雄伺服器登入，此時演算法會將該帳號判定為惡意操縱帳號；因為在正常的狀態下，不可能從台北所在位置，瞬間飛到高雄，這被演算法鎖帳號的機率會非常高。

二、免費 VPN 工具

只要在 Google 搜尋引擎輸入『VPN』關鍵字，就會出現 185,000,000 項結果，這麼多的結果連結頁，該如何選擇才好？

圖 7-6　VPN 關鍵字結果頁

1. 看標題選擇容易採地雷：

如目標市場在台灣，在 Google 可改輸入『台灣 VPN』。雖然結果連結頁變少，但還有 5,990,000 項結果的天量。如光從標題來看：『X 年最好的台灣 VPN 推薦或最穩定 VPN 翻牆工具』，類似這種標題的連結頁，不少是公司本就經營 VPN 服務，他把自家寫入 VPN 推薦名單中；還有不少是 VPN 服務公司委託部落格主的業配文。所以光看結果連結頁的標題選擇，反而容易採地雷。

如有提供可挑選台灣十多個不同縣市的 VPN 工具，一定是付費模式，不可能有免費；因台灣網絡服務成本較高，更何況還要提供全台十多個地點的伺服器，完全免費鐵定有鬼。如一定要找完全免費 VPN 工具，只能找國際 VPN 服務商。

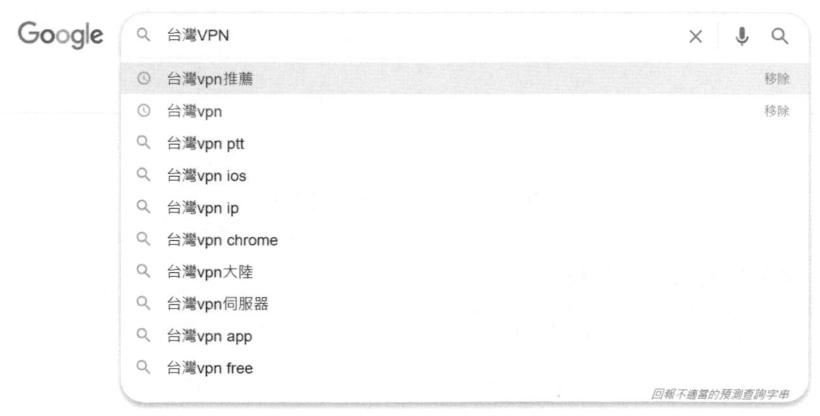

圖 7-7　台灣 VPN 關鍵字

2. 無良 VPN 服務工具：

使用VPN最害怕的問題，是被無良VPN服務公司當跳板。

網絡上有不少單位提供 VPN 服務，雖然開放免費使用，當用戶在載具裡安裝軟體時，正常人是不看使用條款（隱私權政策）等，只會一股腦兒往下按，只想盡快完成安裝；其實在條款裡，就已經告知會把用戶的載具做為新節點，或是會將用戶資料提供給第三方…等。

待完成安裝之後，使用者的載具就會變成該單位一個新增 VPN 服務節點，不肖人士就可透過這個節點，再跳轉去攻擊第三方網站、濫發垃圾郵件、進行不當行銷推廣，以及竊取、洩漏和銷售載具裡的私密資料…等等暗黑行為。

所以三不五時得多翻翻 Google 搜尋引擎，輸入『無良 VPN』、『危險 VPN』等關鍵字，查看哪些是包藏禍心的 VPN 工具。

圖 7-8　危險 VPN 關鍵字

3. 國際免費 VPN 工具：

雖然網路上充斥各種免費 VPN 是具有危害性，但還有為數不少的免費 VPN 工具是安全好用。有的會公布營收來源是從使用者點選廣告收入和贊助來支撐 VPN 服務，更多是正規 VPN 公司，所提供限時限量的免費體驗服務。

通常免費VPN工具會限制使用的總流量。

免費 VPN 工具限制使用的總流量，通常在 500MB-10GB 的總流量，且採每日限量或每月限量模式，使用沒幾回流量就會封頂。有的不但連線速度緩慢，而且容易斷線，不斷顯示重新連結中；有的斷線後，重連結位置不同，會造成帳號被鎖死的問題；要不然會一直彈跳要求付費的廣告視窗，使用的體驗值極差。

少部分是僅供純網頁瀏覽使用，不提供視訊和音訊的連結和下載。大部分免費 VPN 是限制跳轉伺服器位置的總數量，免費只提供 5-10 個位置，付費後有幾十個國家和數百個伺服器位置可供跳轉。有的免費 VPN，是限定 3-7 天的免費體驗，無使用限制，連線快，不斷線；但這類型 VPN 服務，有些在註冊帳號時，會要求綑綁信用卡，不輸入信用卡相關資料是無法繼續下一步驟；當免費體驗時間一到期，就會立刻信用卡扣款給付一年預繳費用。

對炒家來說最讚的免費 VPN 工具特點：註冊時不綑綁信用卡、安全性高、不把用戶當新節點、不限定瀏覽類型、總瀏覽量大、不限時數或可體驗天數較多、連線快速、不頻繁斷線、廣告少、可選擇跳轉伺服器位置的總數量多…。但這種夢幻版的免費 VPN 是不存在，大多無法同時具備以上全部優點，只能具備其中幾項。因此，如測試後，覺得正規免費體驗版 VPN 好用，最好轉成付費會員才是上策，不能為了節省小錢，而造成更多帳號被鎖死的風險。

以下推薦幾款免費 VPN 工具：

1 Betternet

https：//www.betternet.co

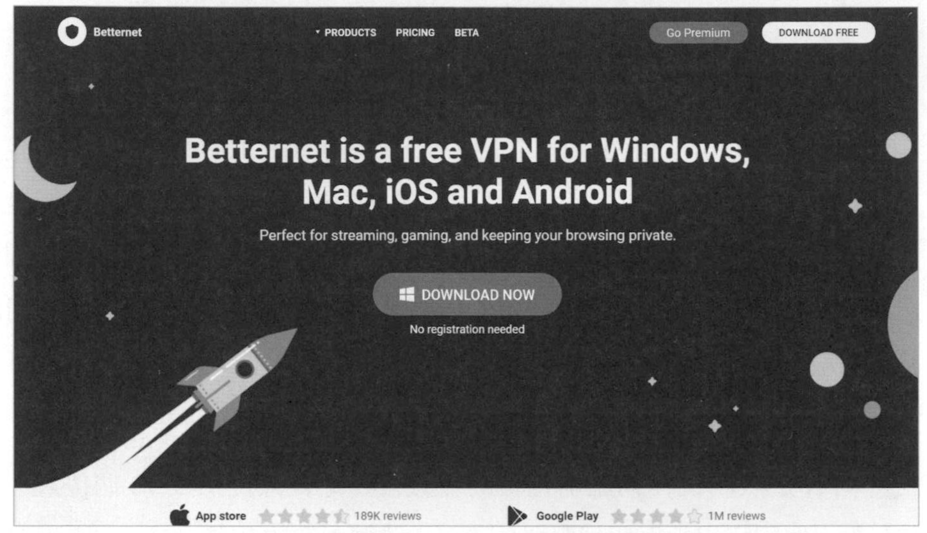

圖 7-9　Betternet 官網

2 SetupVPN

https：//setupvpn.com

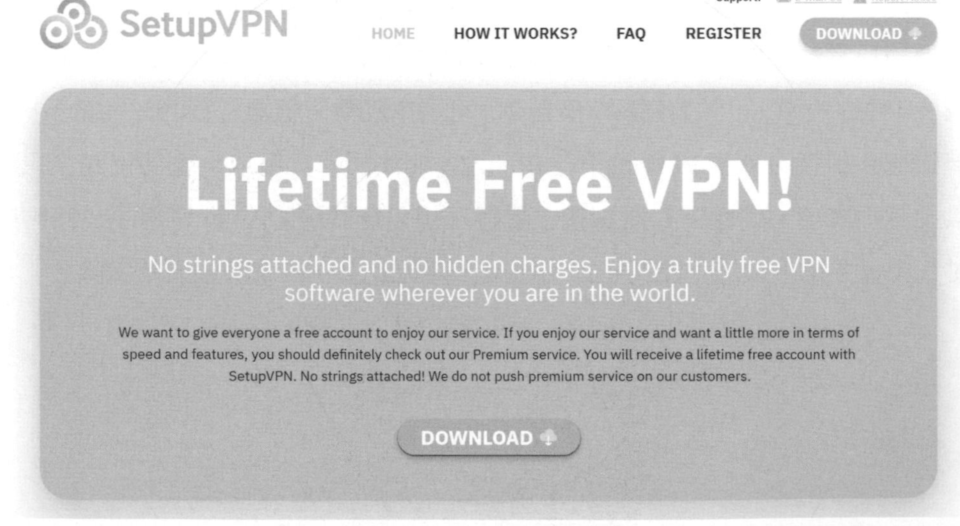

圖 7-10　SetupVPN 官網

③ Windscribe

https：//windscribe.com

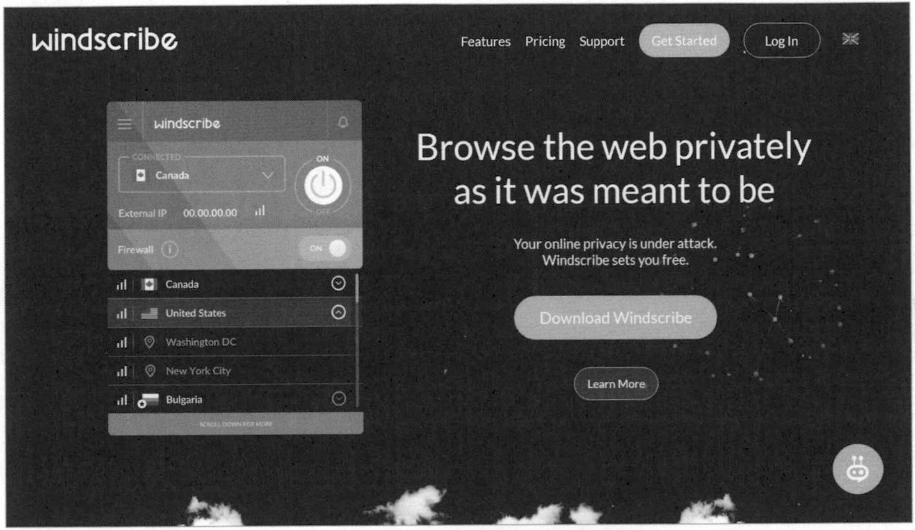

圖 7-11　Windscribe 官網

④ Zenmate

https：//zenmate.com

圖 7-12　Zenmate 官網

5 Tunnelbear

https：//www.tunnelbear.com

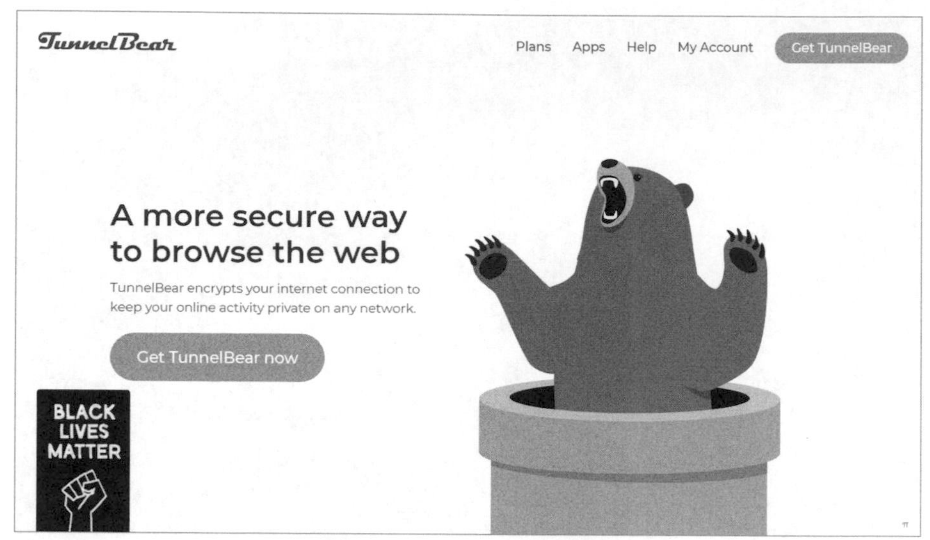

圖 7-13　Tunnelbear 官網

6 Dotvpn

https：//dotvpn.com/en/

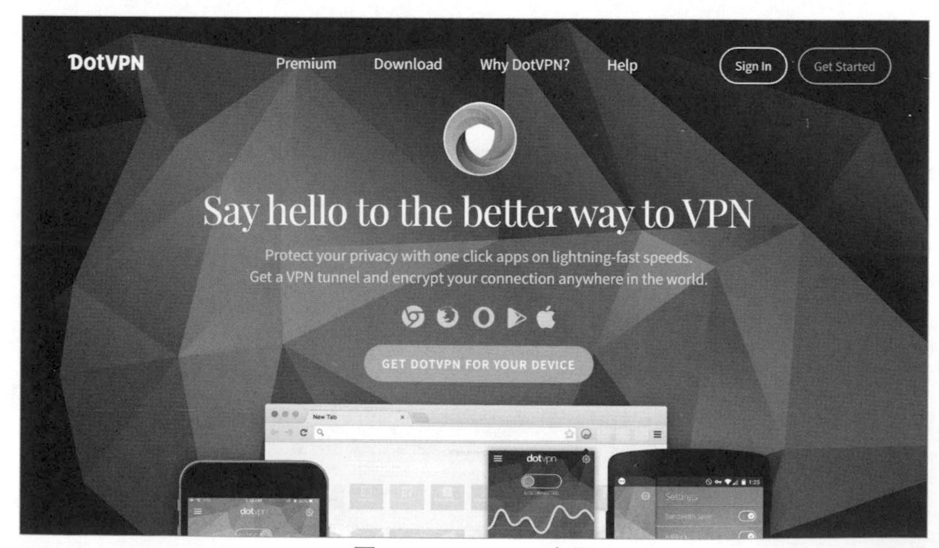

圖 7-14　Dotvpn 官網

7 **Tunnello**

https：//tunnello.com

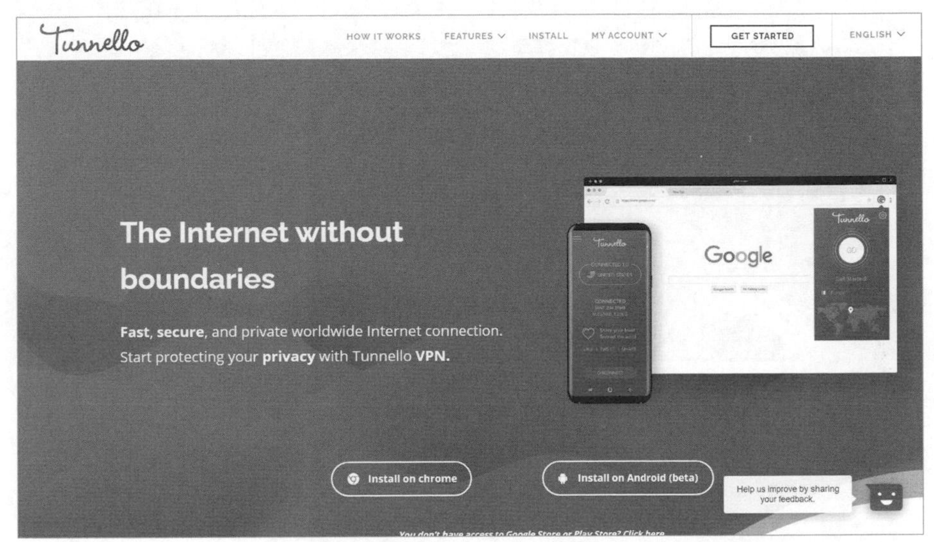

圖 7-15 Tunnello 官網

三、VPN 使用方法

VPN 工具雖然品項繁多，但各家操作方法大同小異，所以筆者擇其一，帶領各位操作一回。

以下是 Betternet VPN 操作流程：

1 首先打開瀏覽器進入 Betternet 官網，https：//www.betternet.co

大多數 VPN 都支援：Windows、Mac、iOS、Android、Chrome，各種版本的操作方法近似。筆者喜歡使用 Chrome 版，因耗損系統效能較小，有輕量、簡易、快速和好用的特點，請依照各位的需求進行安裝。

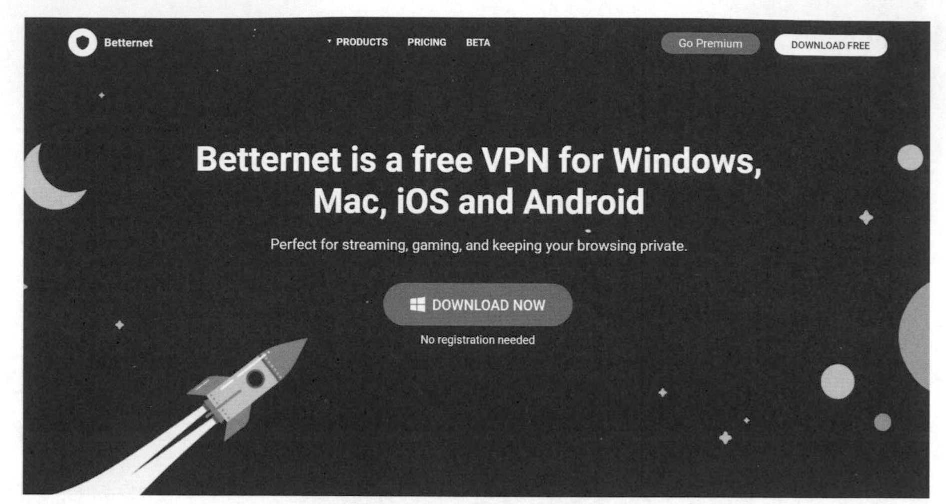

圖 7-16　Betternet 官網

2 首頁下拉至下方，點選『Chrome』圖示。

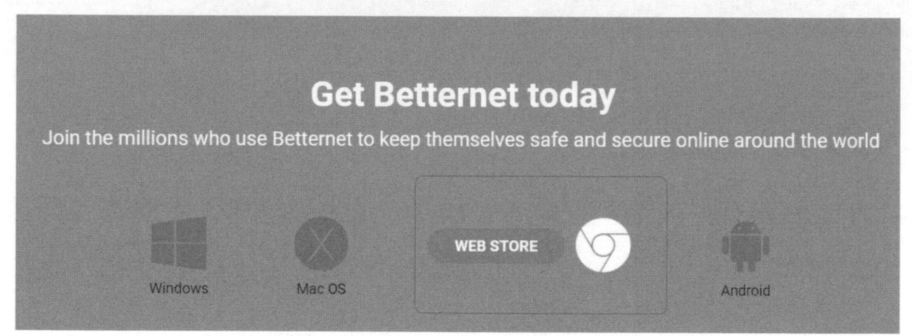

圖 7-17　Chrome 圖示

3 進入 Betternet VPN for Chrome 頁面，點選左下『GET THE APP』，會連結到 chrome 線上應用程式商店 VPN Free - Betternet Unlimited VPN Proxy 的頁面。

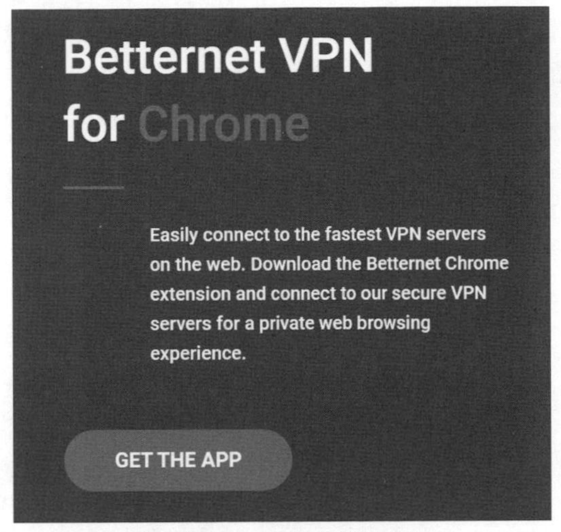

圖 7-18　GET THE APP

4 點選右上『加到 Chrome』，會彈出要新增『VPN Free - Betternet Unlimited VPN Proxy』嗎？的視窗。

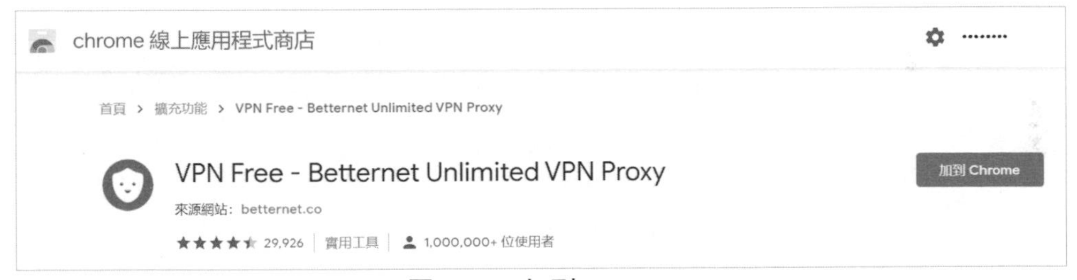

圖 7-19　加到 Chrome

5 點選左邊『新增擴充功能』。

圖 7-20　新增擴充功能

6. 當 Chrome 右上角彈出『已將 VPN Free - Betternet Unlimited VPN Proxy 加到 Chrome』視窗，代表外掛已經安裝完畢。

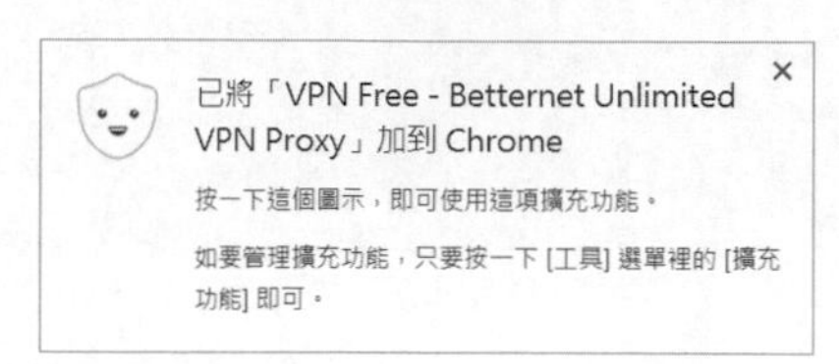

圖 7-21　已將 VPN Free 加到 Chrome

7. 如右上角沒顯示 Betternet 的灰盾牌圖示，則點選右上『拼圖』圖示。

圖 7-22　拼圖圖示

8. 彈出下拉後在 VPN Free - Betternet Unlimited VPN Proxy 選項右方，點選『白色圖釘』圖示，即可固定擴充功能顯示在右上角。

圖 7-23　白色圖釘圖示

9. 一開始 Betternet 是顯示『灰色盾牌』圖示，點選後，會彈出 Introducing Safe Shopping 視窗，下方是顯示藍色標籤位置。

圖 7-24　灰色盾牌圖示 / 藍色標籤 / 灰色邊框白色盾牌

⑩ 繼續點選左方『灰色邊框白色盾牌』圖示。

⑪ 點選『Select Virtual Location』選項，就會顯示可以選擇跳轉的國家，Betternet 免費版只有 4 個國家可選擇。接著，點選欲跳轉的國家。

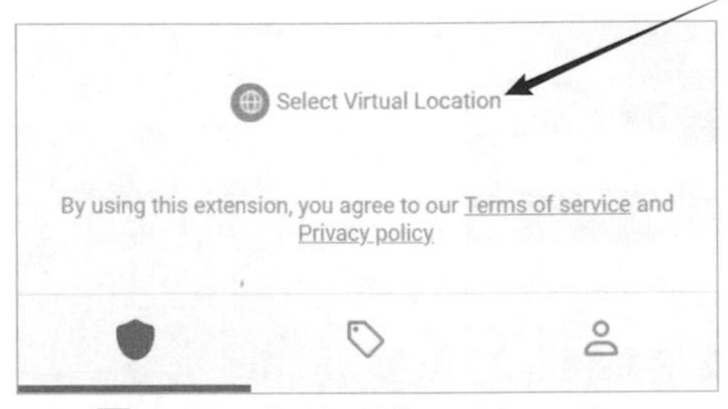

圖 7-25　Select Virtual Location

圖 7-26　免費版 4 個國家

⑫ 點選中間『CONNECT』鍵，即可跳轉 IP 位置。之後，會彈出需登入帳號和密碼的視窗，請全部直接點『取消』即可，Betternet 試用是免註冊。大多數 VPN 需先註冊好帳號密碼，登入後才能選擇連結位置，之後完成 IP 跳轉。

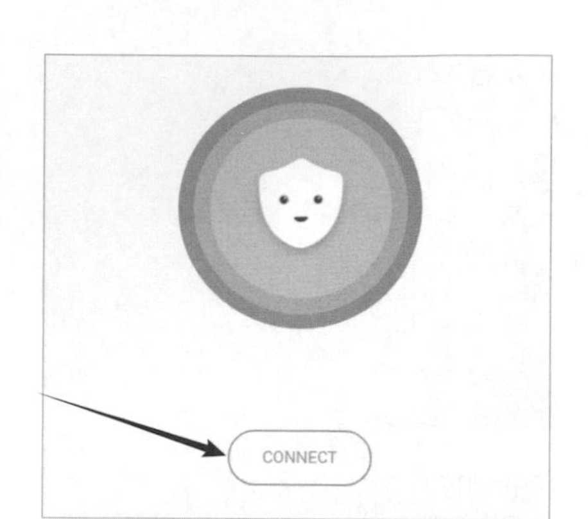

圖 7-27　CONNECT

圖 7-28　取消

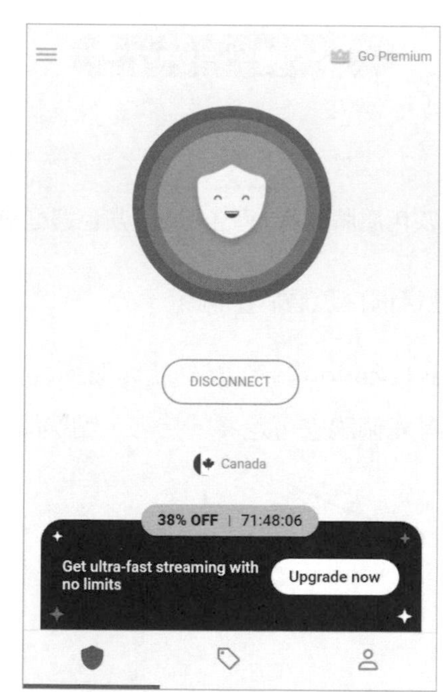

圖 7-29　完成 IP 跳轉

⑬ 到底現在 IP 位置在哪？可以在 Google 搜尋引擎，輸入『IP 位置』或『IP 查詢』的關鍵字，就會出現很多 IP 查詢線上工具，選擇任一結果點入，即可得知到目前是否跳轉到所需求的 IP 位置上。

圖 7-30　IP 位置關鍵字

圖 7-31　目前 IP 位置

請注意：欲進行社群平台註冊帳號前，請務必先確認是否跳轉到預定伺服器位置上。因為有些無良 VPN，並無真實跳轉到新位置上；也有可能是因為 VPN 斷線，導致 IP 位置又回到台灣，只要 IP 位置突然大幅度改變，演算法就會立即鎖帳號。

無論是在哪一個國家所註冊的 Facebook、Instagram 和 YouTube 帳號，都可以連回台灣炒作無誤。在歐美以電子郵件註冊帳號，會比在亞洲以電子郵件註冊帳號要容易許多，在歐美資安演算法是低偵測，當然比在台灣更不容易被鎖帳號。

但需記得：『每次炒作前需先 VPN 到 Excel 原預設分配位置上，IP 查詢確認無誤之後，在開啟社交帳號進行炒作行為。在炒作帳號期間，需三不五時檢查 IP 有無掉連。否則，掉回台灣 IP 後，又有操作行為就會被鎖帳號。』

過去在歐美 IP 位置所註冊和操作的帳號，能移回台灣 IP 位置來使用嗎？當然可以，如同搭飛機到台灣一樣的意思，先暫停使用帳號 3-7 天，之後在 VPN 改點台灣 IP 位置，同電腦同瀏覽器開啟帳號，就不會被演算法鎖定帳號。

7-3 使用多帳號切換與瀏覽器

一、帳號與瀏覽器緊密關係

如擁有 1-2 筆社交帳號，電腦只有一個瀏覽器，在使用上是足夠的。但如要操作數十筆或數百筆行銷帳號時，只使用 1 套瀏覽器不斷登入登出各個帳號，不但不便利，而且容易被鎖帳號。

早期使用Chrome外掛切換帳號的方法，
已經被Facebook封鎖，不能再使用囉！

早期炒家可使用 Chrome 外掛，將數百個帳號和密碼整理成清單，以 Excel 檔案匯入外掛中，即可直接下拉點選快速切換登入不同帳號。但此切換帳號的方法，已經被 Facebook 封鎖，不可再使用。

後來 Facebook 也開發多帳號快速切換的功能，此功能可以便利企業的小編，快速切換官方帳號和小編帳號的需求，以及家庭多人共同使用一台電腦登入，並不是給炒家切換數百帳號所使用。Facebook 也有註明：『可以儲存 10 筆帳號資料，但最好只在電腦上保留幾筆常用的用戶帳號。』。

因此，在工作團隊的每台電腦裡，需安裝 10-20 套瀏覽器，每個瀏覽器設定 5-10 筆帳號資料。在這裡要注意，同瀏覽器多帳號切換的帳號資料，其 IP 位置就該落在同一區段，不可能是遠距離的不同位置，卻在幾分鐘內同電腦裡登入登出，如此一來，就容易被鎖帳號。

在炒作時，最安全的狀態是 1 套瀏覽器對應 1 筆帳號；1 位行銷專員如果是操作 20 筆帳號，則安裝 20 套瀏覽器。但國際知名的瀏覽器，如果去除掉中國團隊的開發版，就會只剩下 10 幾套，所以在部分瀏覽器裡，就需設定 Facebook 多帳號切換工具，每套瀏覽器盡量控制在 5 筆帳號以下；這是因為同時開啟 5 套瀏覽器，分別以登入 1 筆行銷帳號，不斷切換瀏覽器交互帳號炒作的情況下，不會被演算法鎖定帳號的最佳值；所以對炒家來說，多帳號切換最安全的設定數量是 5 筆帳號資料。

二、國際知名瀏覽器推薦

1 Chrome

https：//www.google.com/intl/zh-TW/chrome/

圖 7-32　Chrome 官網

❷ Firefox

https：//www.mozilla.org/zh-TW/firefox/

圖 7-33　Firefox 官網

3 Opera

https：//www.opera.com/

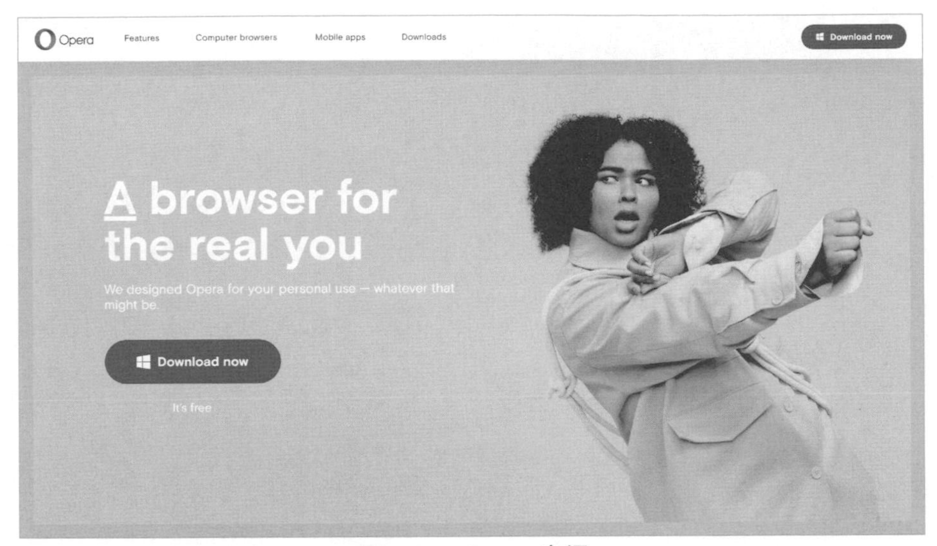

圖 7-34　Opera 官網

4 Yandex

https：//browser.yandex.com/

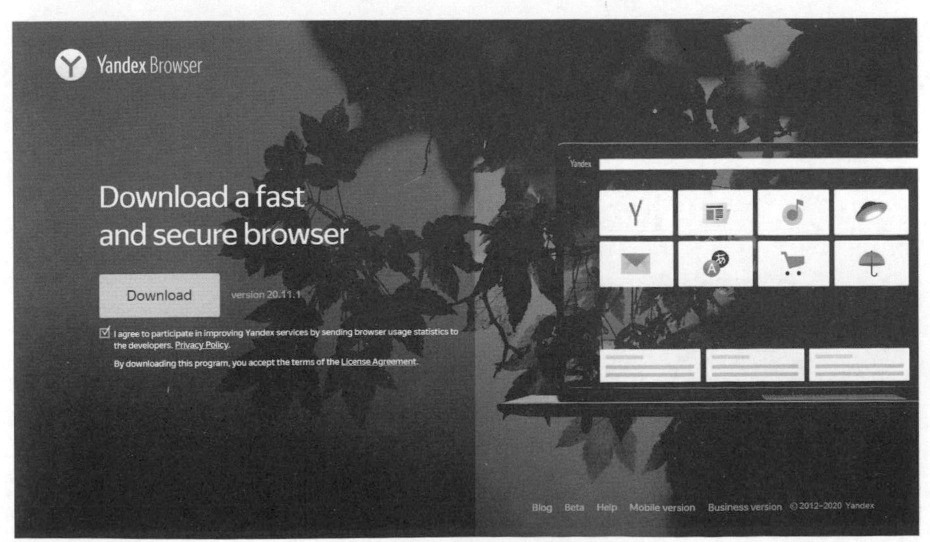

圖 7-35　Yandex 官網

5 Brave

https：//brave.com/

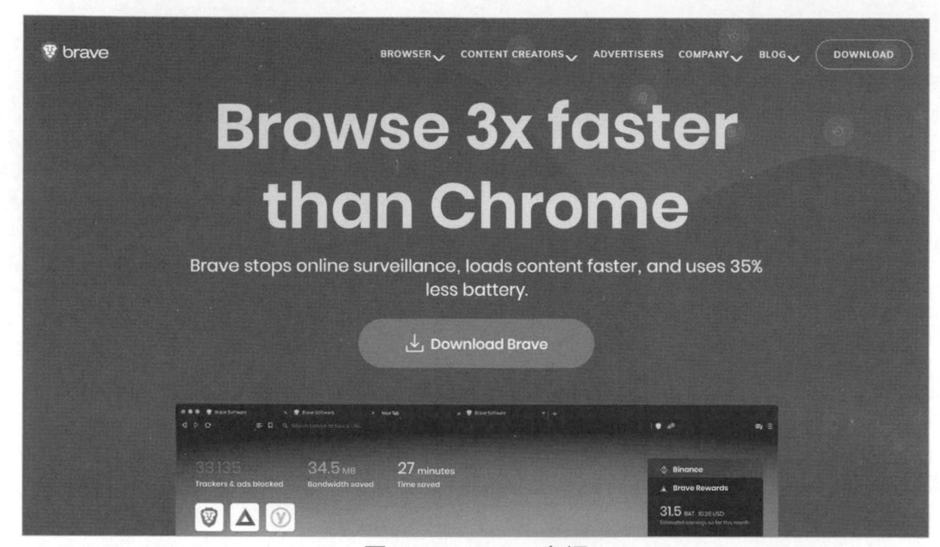

圖 7-36　Brave 官網

6 Apple Safari

https：//www.apple.com/tw/safari/

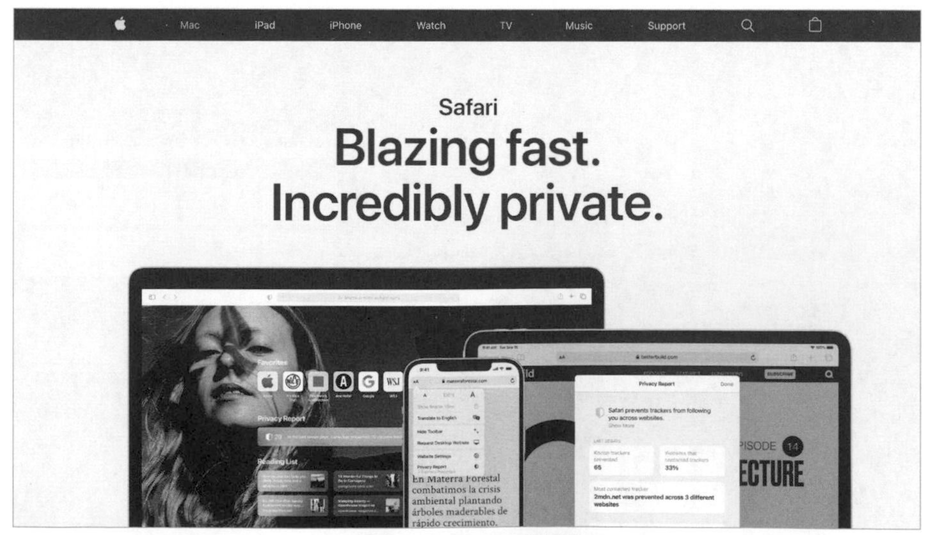

圖 7-37　Safari 官網

7 Microsoft Edge

https：//www.microsoft.com/zh-tw/edge

圖 7-38　Edge 官網

平日進行資料蒐集時，盡量使用以上述國際著名的瀏覽器為主，因為軟體更新頻繁安全性較高。

下述瀏覽器數套屬開放式原始碼，有些是小團隊所開發，軟體更新速度較慢，只要不在網絡上到處瞎逛，單純在 Facebook、Instagram 和 YouTube 的社群平台上使用，就可有效降低安全性隱憂問題。

❶ Vivaldi

https：//vivaldi.com/zh-hant/

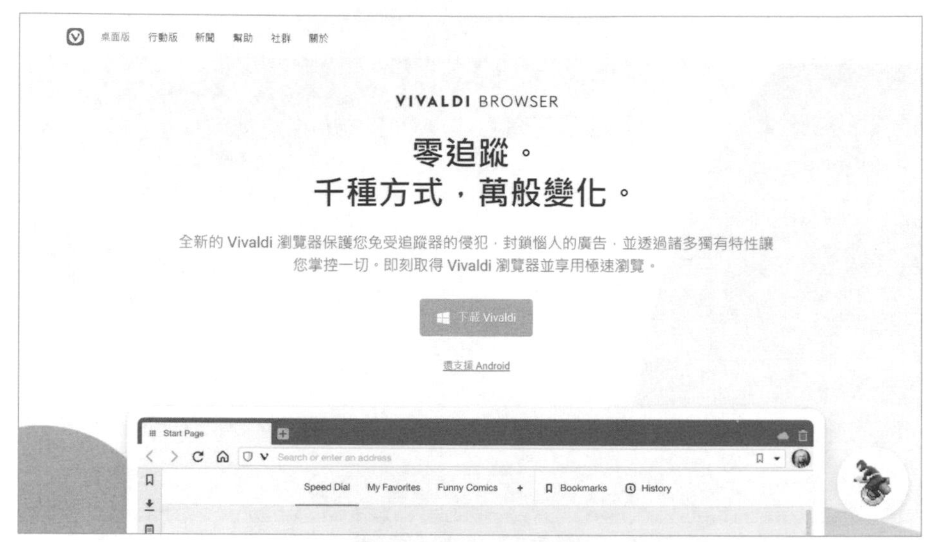

圖 7-39　Vivaldi 官網

❷ Cent Browser

https：//www.centbrowser.com/

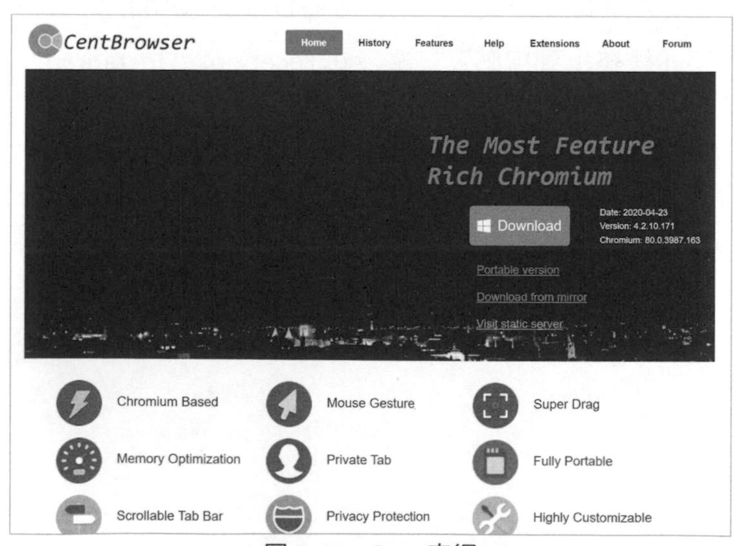

圖 7-40　Cent 官網

❸ Pale Moon

https：//www.palemoon.org/

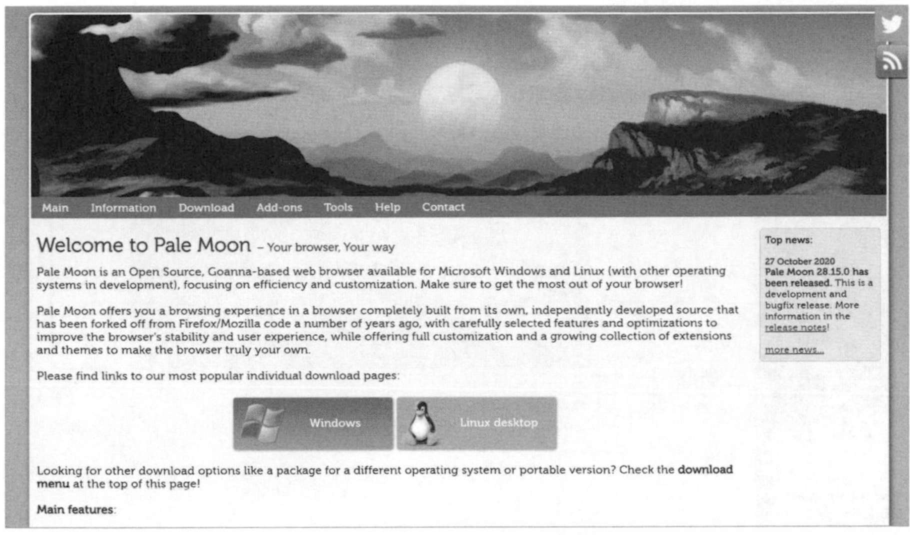

圖 7-41　Pale Moon 官網

❹ SeaMonkey

https：//www.seamonkey-project.org/

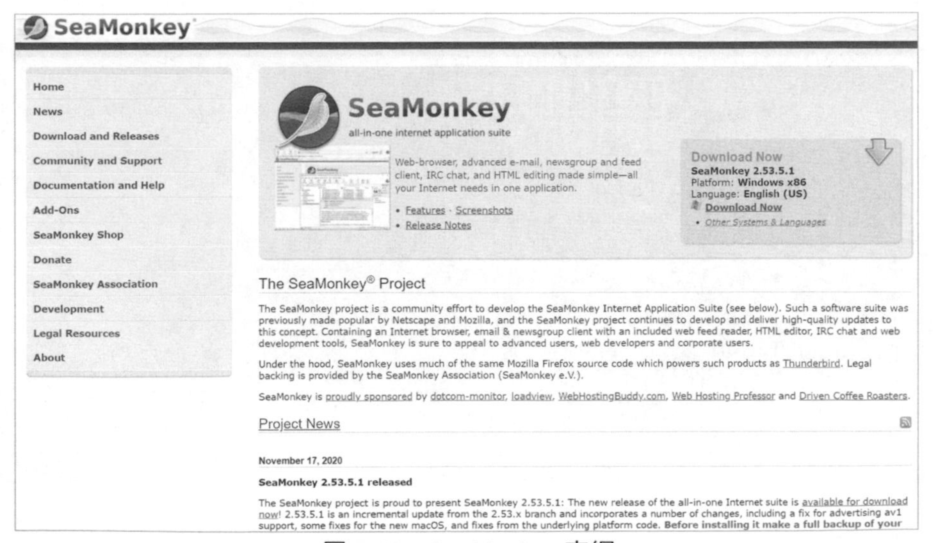

圖 7-42　SeaMonkey 官網

5 Avant Browser

http：//www.avantbrowser.com/

圖 7-43　Avant 官網

6 Tor

https：//www.torproject.org/

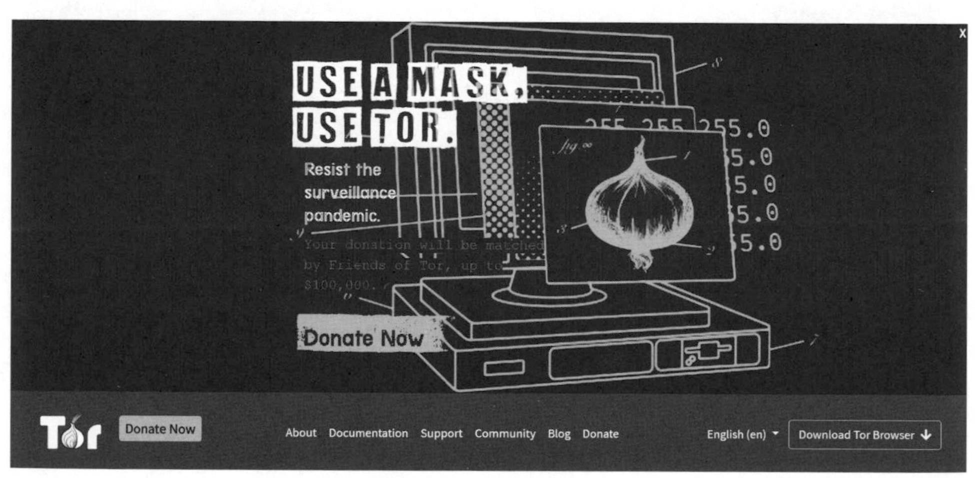

圖 7-44　Tor 官網

此外，部分的台灣企業排斥安裝中國開發軟體，多數是以安全隱憂為考量，還有綁架首頁等問題。

其實問題不大，依照下述建議，還是可以安心使用：

1. 絕對不開啟主帳號（或重要帳號），單純在社群平台上只使用行銷帳號。
2. 令人厭惡的綑綁首頁問題，在設定功能裡可點選取消綑綁首頁，或改成自定義的首頁。
3. 軟體設定端勿設定自動更新，改成設定手動更新，但需記得定期檢查軟體更新，減少軟體漏洞問題。
4. 在作業系統端勿設定電腦開機自動啟動軟體。
5. 在作業系統端勿設定成默認瀏覽器。

以下是中國團隊開發版：

1. 360（安全瀏覽器 + 極速瀏覽器）共 2 套

   https：//www.360.cn/

圖 7-45　360 安全瀏覽器官網

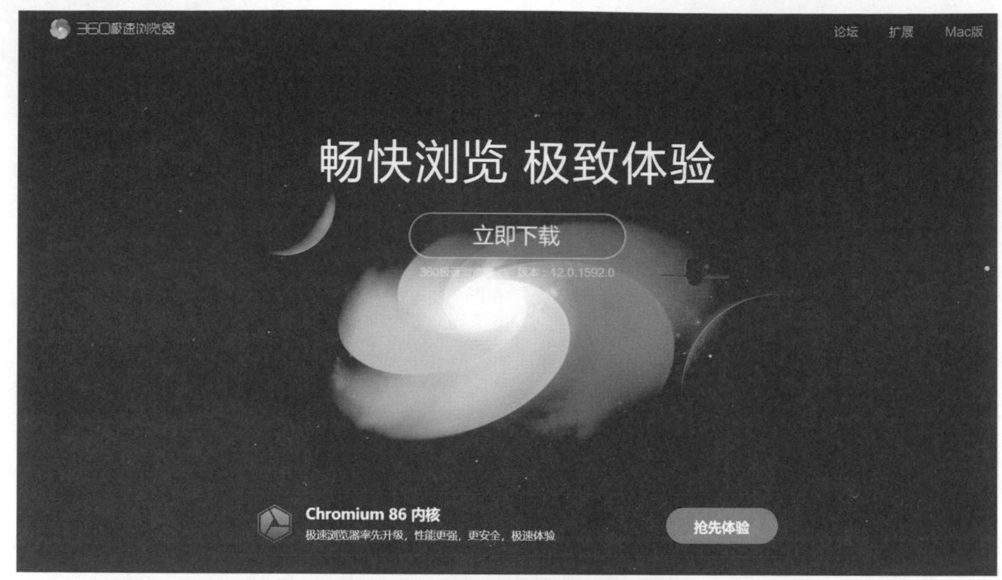

圖 7-46 360 極速瀏覽器官網

2 QQ

https：//pc.qq.com/

圖 7-47 QQ 官網

3 UC

https：//www.uc.cn/

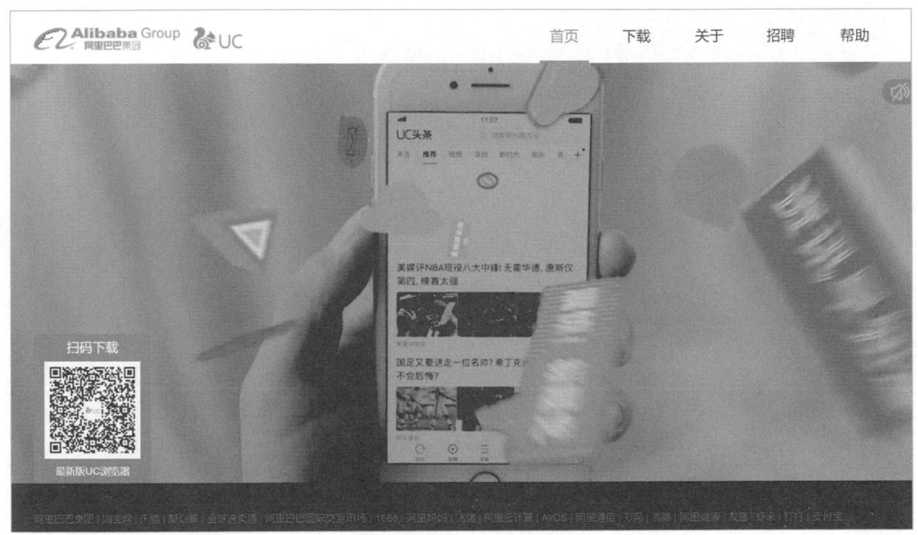

圖 7-48　UC 官網

4 Sogou

https：//ie.sogou.com/

圖 7-49　Sogou 官網

5 Theworld

http：//www.theworld.cn/

圖 7-50　Theworld 官網

6 Maxthon

https：//www.maxthon.com/

圖 7-51　Maxthon 官網

7 Liebao

https：//www.liebao.cn/

圖 7-52　Liebao 官網

8 2345

http：//ie.2345.cc/

圖 7-53　2345 官網

9 Giyu

https：//qiyu.ruanmei.com/

圖 7-54 Giyu 官網

三、Facebook 多帳號切換工具設定

1 如已經有 Facebook 帳號在登入狀態，需點右上『倒三角形』圖示。

圖 7-55 倒三角形圖示

2 下拉選單，點『登出』。

圖 7-56　登出

3 在最近登入頁面裡，點『+ 新增帳號』。

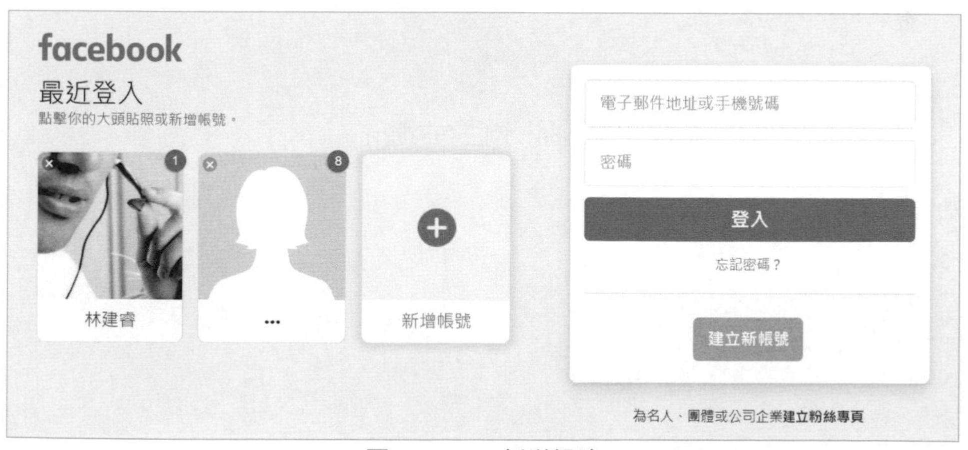

圖 7-57　+ 新增帳號

4 在登入 Facebook 彈出視窗裡，輸入帳號和密碼，並勾選『記住密碼』。

圖 7-58　記住密碼 / 登入

5 之後點『登入』，從此瀏覽器進入 Facebook 就有原本和後來新增的 2 筆帳號。

如欲進行帳號切換：

1 點擊右上『倒三角形』圖示。

圖 7-59　倒三角形圖示

2 下拉選單，點選『切換帳號』。

圖 7-60　切換帳號

❸ 在切換帳號選單裡，點選要切換的帳號名稱即可。

圖 7-61　切換帳號選單

四、切換多帳號炒作其他注意事項

1. 社交帳號註冊和開啟帳號進行日常炒作時，需在同 1 台電腦和同 1 套瀏覽器裡執行，可降低被鎖率。

2. 同時段同電腦開啟超過 5 套瀏覽器和 5 筆帳號，容易被鎖帳號，需控制在 5 筆帳號以下比較安全。

3. 最安全的方法：每次只開 1 套瀏覽器 1 筆帳號來炒作，當關閉瀏覽器之後，先執行清除暫存，再開啟另一套瀏覽器 1 筆帳號炒作。

4. 如使用單一瀏覽器分別登入登出多筆帳號，需注意在 1 小時之內，切勿超過 5 筆帳號，超過 5 回登入和登出之後容易被鎖帳號。

7-4 製作行銷帳號工作頁

一般說來 1 位行銷專員最少需負責 20 筆行銷帳號，每台電腦安裝 20 套瀏覽器，這 20 筆帳號登入時，都有勾選『記住密碼』，如此就免去每日工作時複製帳號和密碼的登入動作。

為了在加快帳號和瀏覽器挑選和匹配的速度，可以為瀏覽器製作一頁自定義的首頁。

把 20 套瀏覽器分別專用哪一個行銷帳號，先做好社群平台的超連結表格清單，再將所有瀏覽器的首頁，都替換成此自定義頁面，如此，在社群炒作過程，可以大幅度加快速度，有效提升工作效率。

一、製作工作頁

製作此快速登入工作頁相當簡單，可使用微軟 Office Word 工具就可編輯成網頁格式；或使用專業的網頁編輯工具，如：開放式原始碼的 Brackets 或微軟 Sharepoint designer…等軟體。

以下使用微軟 Office Word 工具來製作工作頁：

1. 開啟 Word，右欄新增下方，點選『空白文件』，打開空白文件檔案。

圖 7-62　空白文件

2. 點擊上方『版面配置』功能。

3. 點擊『版面配置』功能區的『方向』，下拉選單再點『橫向』。

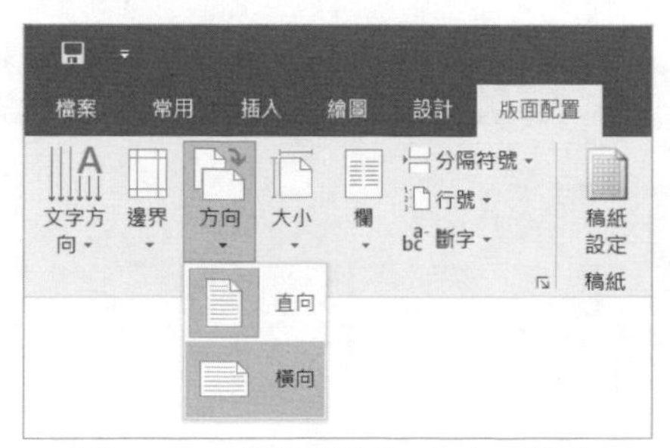

圖 7-63　版面配置 / 方向 / 橫向

4 同『版面配置』下的功能區，點擊『邊界』，下拉選單再點『窄 上下左右皆：1.27 公分』。

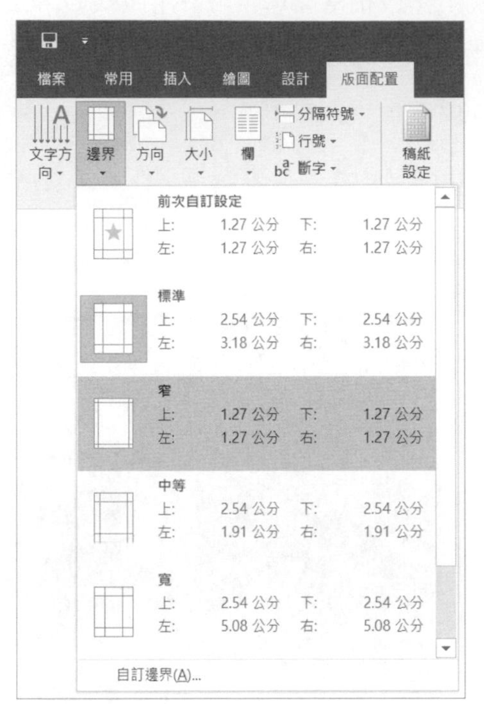

圖 7-64 版面配置 / 邊界 / 窄 上下左右皆：1.27 公分

5 點擊上方『插入』功能。

6 點擊插入功能區的『表格』，下拉插入表格選單滑鼠從左上往右下滑動成『10X5 表格』，點選滑鼠左鍵，空白文件上即可出現 10 欄 5 行的表格。

圖 7-65 表格 /10X5 表格

7 在表格下方，按一下『Enter』鍵，往下增加一行。

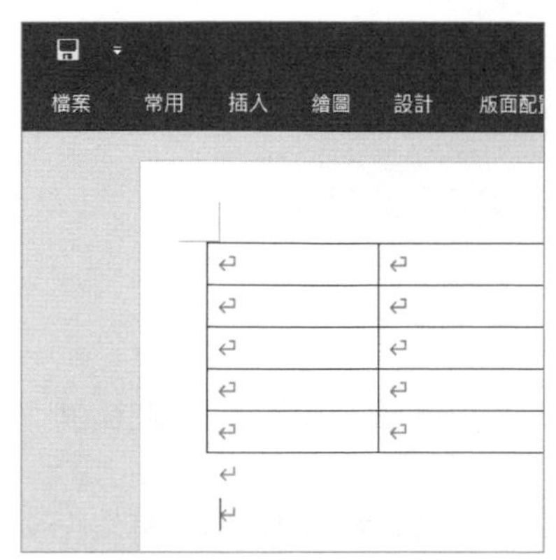

圖 7-66　按 Enter 鍵

8 滑鼠移到表格左上方，會顯示雙十字黑箭頭的方塊圖示，點選滑鼠左鍵，選取整個表格。

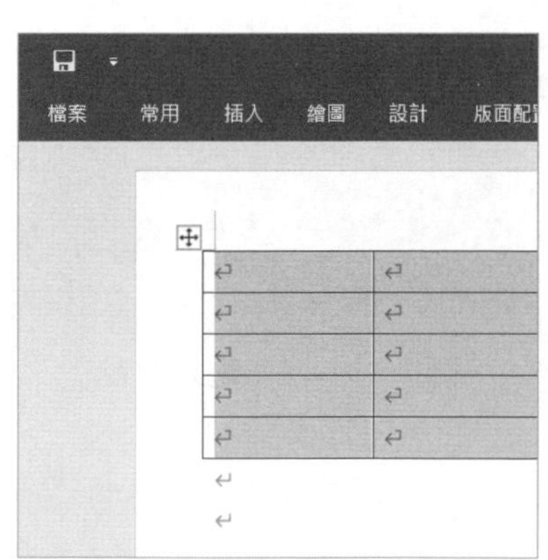

圖 7-67　雙十字黑箭頭方塊圖示

9 按下『Ctrl+C』鍵，複製表格。

10 游標移至表格下方新增空行處，按下『Ctrl+V』鍵，貼上表格。如此一共產生 20 個欄位。

圖 7-68　複製產生 20 個欄位

⓫ 在每個表格的第一行，分別輸入 20 套瀏覽器的名稱。

⓬ 往下第二、三、四行，分別輸入 Facebook、Instagram 和 YouTube 的帳號名稱。

Chrome	Firefox	Opera	Yandex	Brave	Safari	Edge	Vivaldi	Cent	Pale Moon
Facebook	Facebook	Facebook	Facebook	Facebook	Facebook	Facebook	Facebook	Facebook	Facebook
Instagram	Instagram	Instagram	Instagram	Instagram	Instagram	Instagram	Instagram	Instagram	Instagram
YouTube	YouTube	YouTube	YouTube	YouTube	YouTube	YouTube	YouTube	YouTube	YouTube

SeaMonkey	Avant	Tor	安全瀏覽器	極速瀏覽器	QQ	UC	Sogou	Theworld	Maxthon
Facebook	Facebook	Facebook	Facebook	Facebook	Facebook	Facebook	Facebook	Facebook	Facebook
Instagram	Instagram	Instagram	Instagram	Instagram	Instagram	Instagram	Instagram	Instagram	Instagram
YouTube	YouTube	YouTube	YouTube	YouTube	YouTube	YouTube	YouTube	YouTube	YouTube

圖 7-69　表格輸入內容

⑬ 按下滑鼠左鍵，將帳號名稱標示起來，再按下滑鼠右鍵，彈出視窗選擇『連結』。

圖 7-70　名稱設定連結

⑭ 在彈出的插入超連結視窗下方，網址欄位右方複製貼上開啟帳號的網址，再點『確定』後，就會產生連結。小編也可以把常去採集資料的網站位置順便編輯進去，往後日常工作點選會更加便捷。

圖 7-71　網址欄位貼上網址

⑮ 反覆上述步驟，完成所有連結之後，需儲存成網頁格式：點上方『文件』功能。

Chrome	Firefox	Opera
Facebook	Facebook	Facebook
Instagram	Instagram	Instagram
YouTube	YouTube	YouTube

SeaMonkey	Avant	Tor
Facebook	Facebook	Facebook
Instagram	Instagram	Instagram
YouTube	YouTube	YouTube

圖 7-72　完成連結

⑯ 左欄點選『另存新檔』功能，右欄選擇文件檔案儲存位置，點選『這台電腦』，再選『文件』夾。

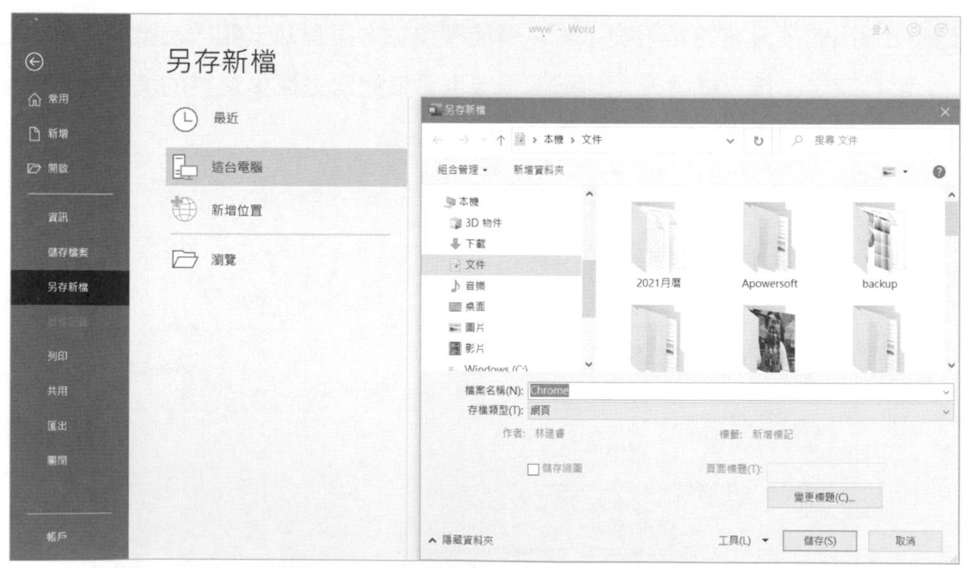

圖 7-73　另存新檔 / 這台電腦 / 文件

⑰ 彈出的另存新檔視窗裡，點擊下方存檔類型欄位，下拉選單選擇『網頁』。

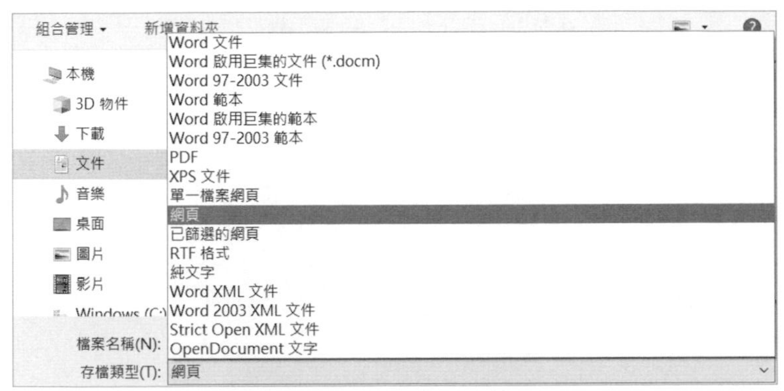

圖 7-74　存檔類型 / 網頁

⑱ 檔名請使用英文命名，再點『儲存』，即可儲存成網頁格式。

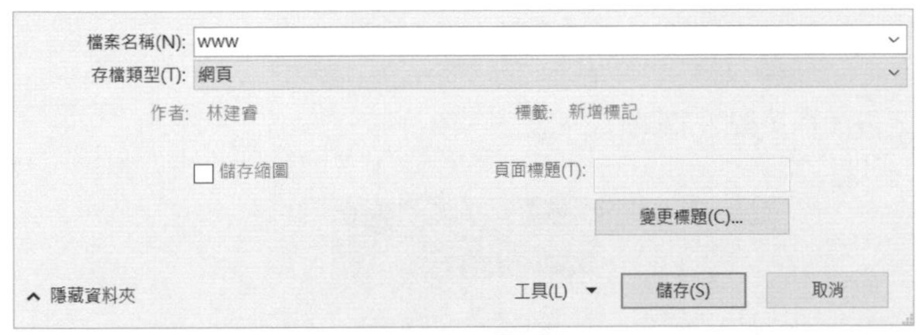

圖 7-75　儲存

二、瀏覽器設定自定義首頁

接下來，要把每套瀏覽器首頁（Home 圖示）都改成是自定義的工作頁。每套瀏覽器設定自定義首頁的方式都大同小異，就不一一列舉所有步驟，在此僅以 Google Chrome 瀏覽器為例：

❶ 開啟 Chrome，點選右上角『…』，彈出下拉選單選擇『設定』。

圖 7-76　…/ 設定

❷ 在設定畫面裡，點左欄的『外觀』選項。

圖 7-77　外觀

❸ 在右欄外觀區塊裡，點擊顯示 [首頁] 按鈕欄位右方的灰色圖示，即可開啟首頁按鈕，並轉成藍色圖示。

圖 7-78　開啟首頁按鈕

4. 於顯示 [首頁] 按鈕欄位下方，點擊第二項輸入自訂網址欄位，輸入工作頁存放在電腦的位置即可。

5. 如何知道工作頁位置的撰寫語碼？打開檔案總管，點選『文件』夾，以滑鼠右鍵點選工作頁檔案名稱，在下拉選項選擇『內容』，在彈出視窗就可以看到『位置：』，複製該位置貼上輸入自訂網址中即可。

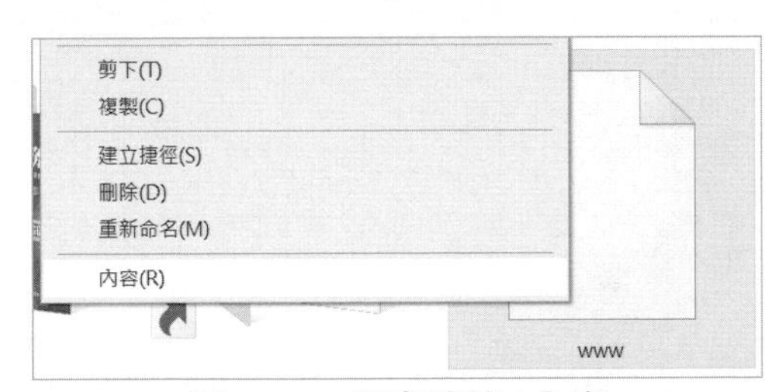

圖 7-79　檔案總管 / 內容

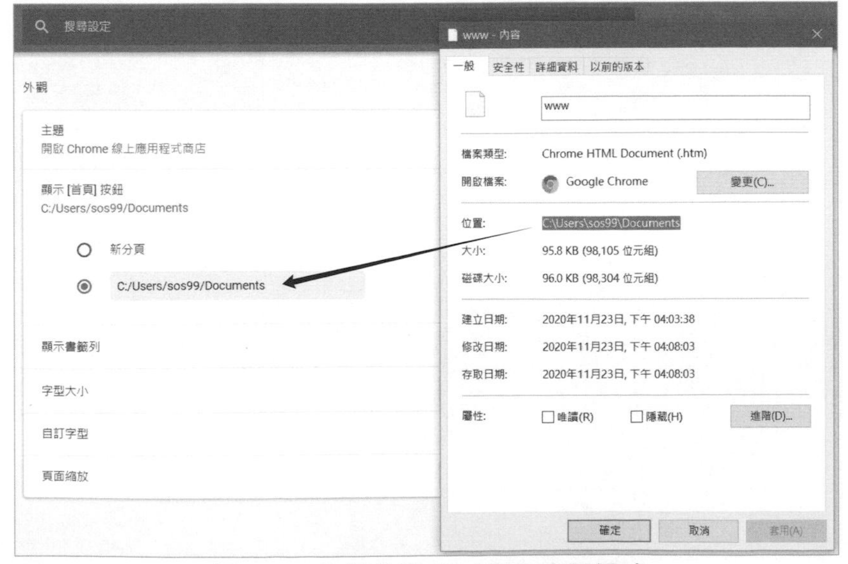

圖 7-80　複製位置 / 貼上輸入自訂網址

❻ 請注意：當貼上位置之後，滑鼠點擊任一空白處，會發現 Chrome 在位置前自動加上『file：///』的前綴語碼，請保留勿移除，其後補上完整檔名。

圖 7-81　補上完整檔名

❼ 嘗試點擊瀏覽器左上角『首頁』圖示，就可跳轉出工作頁的頁面。

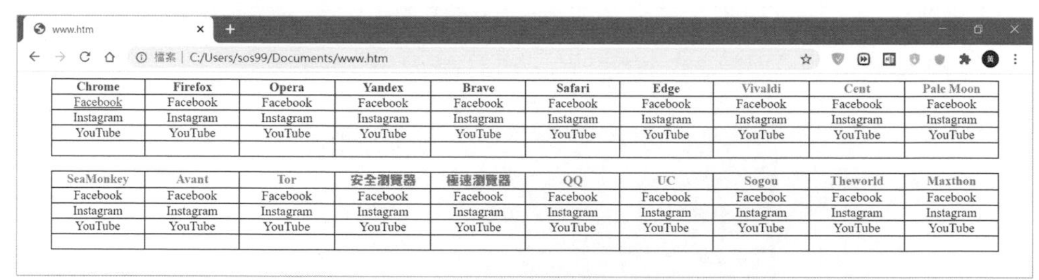

Chrome	Firefox	Opera	Yandex	Brave	Safari	Edge	Vivaldi	Cent	Pale Moon
Facebook	Facebook	Facebook	Facebook	Facebook	Facebook	Facebook	Facebook	Facebook	Facebook
Instagram	Instagram	Instagram	Instagram	Instagram	Instagram	Instagram	Instagram	Instagram	Instagram
YouTube	YouTube	YouTube	YouTube	YouTube	YouTube	YouTube	YouTube	YouTube	YouTube

SeaMonkey	Avant	Tor	安全瀏覽器	極速瀏覽器	QQ	UC	Sogou	Theworld	Maxthon
Facebook	Facebook	Facebook	Facebook	Facebook	Facebook	Facebook	Facebook	Facebook	Facebook
Instagram	Instagram	Instagram	Instagram	Instagram	Instagram	Instagram	Instagram	Instagram	Instagram
YouTube	YouTube	YouTube	YouTube	YouTube	YouTube	YouTube	YouTube	YouTube	YouTube

圖 7-82　瀏覽器顯示工作頁

粉絲專頁基礎設定

8-1 粉絲專頁名稱

粉絲專頁的名稱，要簡短、易讀、易記、易辨識度。

粉絲專頁名稱需與企業服務項目高度關聯的關鍵字，要符合簡短、易讀、辨識度高和容易記憶的字詞。

一、創建粉絲專頁的設定步驟

1. 創建粉絲專頁時，就要為粉絲專頁命名。

在塗鴉牆右上方點『+』，下拉的建立選單選擇『粉絲專頁』與顧客或粉絲建立連結並分享內容。

圖 8-1 +/ 粉絲專頁

❷ 在建立粉絲專頁中，右欄右上『電腦』和『手機』圖示，可切換『桌面版預覽』和『行動版預覽』模式。

圖 8-2　切換桌面版預覽或行動版預覽

❸ 在左欄粉絲專頁資訊需輸入粉絲專頁基本資料，第一個欄位就是輸入粉絲專頁名稱（必填），使用你商家、品牌或組織的名稱，或是可說明粉絲專頁內容的名稱。

圖 8-3　輸入粉絲專頁名稱

❹ 第二個欄位輸入類別（必填），當輸入關鍵字後，系統會開始搜尋，若查無符合「XX」的結果，則會顯示相關可選擇類別。選擇適合描述這個粉絲專頁所代表的商家、組織或主題類型的類別。你最多可新增 3 項。

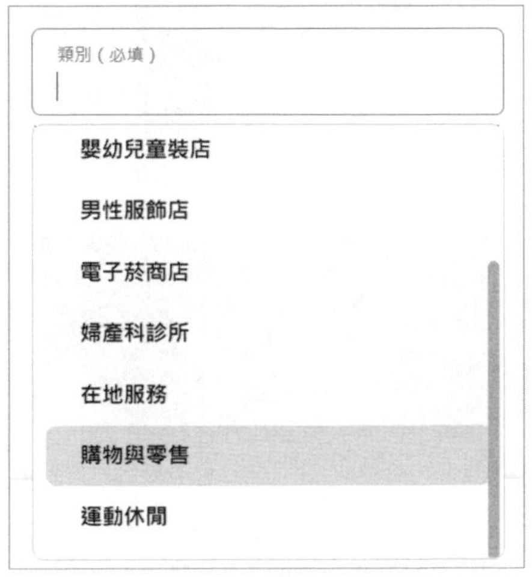

圖 8-4　輸入類別

5 第三個欄位輸入說明，可以輸入粉絲專頁的簡介，也可日後在編輯輸入。最後點選『建立粉絲專頁』。

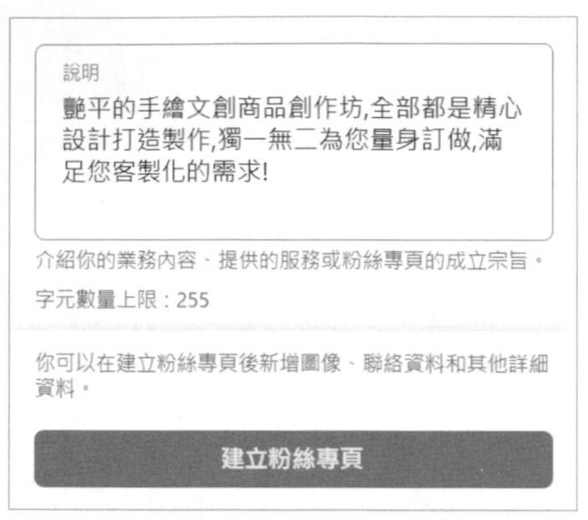

圖 8-5　輸入說明 / 建立粉絲專頁

6 後續會要求上傳封面和大頭照，也可日後在上傳，點『略過』，或上傳檔案後點『儲存』即可。

圖 8-6　上傳封面和大頭照 / 儲存

圖 8-7　完成建立粉絲專頁

二、日後若需要編輯修改，其設定步驟為：

1. 從塗鴉牆的左欄『你的捷徑』下，點選『粉絲專頁名稱』。

圖 8-8　粉絲專頁名稱

2. 進入『管理粉絲專頁』後，左欄下方點選『編輯粉絲專頁資訊』。

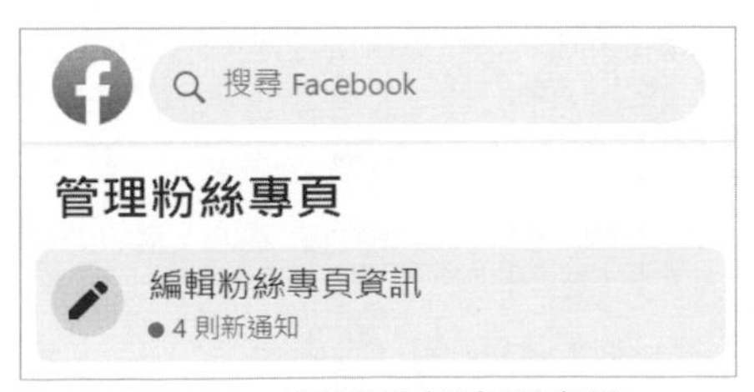

圖 8-9　編輯粉絲專頁資訊

③ 在右欄編輯粉絲專頁資訊的一般區塊裡，第一個欄位就是名稱，重新輸入修改後，Facebook 會進行審查。

編輯粉絲專頁資訊

一般

名稱
手繪文創

圖 8-10　名稱

④ 要注意粉絲專頁命名基本規範，請見下述網址：

Facebook 允許使用什麼樣的粉絲專頁名稱？

https：//www.Facebook.com/help/519912414718764

圖 8-11　Facebook 允許使用什麼樣的粉絲專頁名稱？

8-2　粉絲專頁封面

人是視覺化的動物，封面又佔粉絲專頁最大最明顯的區塊，必須是設計感較高的影像，來吸引用戶持續往下拉動捲軸瀏覽粉絲專頁的封面意願度，在設計內容上，要和企業服務屬性高度關聯的圖像。

操作步驟：

1. 粉絲專頁上方，點選『編輯』，

圖 8-12　編輯

2. 彈出視窗選『上傳相片』，即可從電腦資料夾裡挑檔案。

從相片中選擇
從影片中選擇
製作輕影片
上傳相片
調整位置
移除

圖 8-13　上傳相片

3. 選擇好檔案，點『開啟』，接續調整照片位置之後，點擊『儲存變更』，就可替換封面照片。

圖 8-14　儲存變更

8-3　粉絲專頁頭像

粉絲專頁的頭像，不可隨意上傳照片。

粉絲專頁的頭像是代表企業重要象徵，不可隨意上傳與企業服務項目無關聯度的圖片，需使用企業的 Logo 圖；如是實體商店，可選擇店長的真實大頭照。

操作步驟：

1. 在粉絲專頁封面左下方，點擊『相機』圖示。

圖 8-15　相機圖示

❷ 彈出下拉選擇『編輯大頭貼照』。

圖 8-16　編輯大頭貼照

❸ 在更新大頭貼照的視窗下，可選擇既有圖片，或是點擊上方『+ 上傳相片』，就可從電腦檔案管理員上傳照片檔案。

圖 8-17　選圖片 /+ 上傳相片

圖 8-18　從檔案管理員選擇照片檔案

4 接續在更新大頭貼照的視窗中，移動滑鼠將照片調整到適當位置，最後點擊『儲存』，即可完成替換大頭貼照。

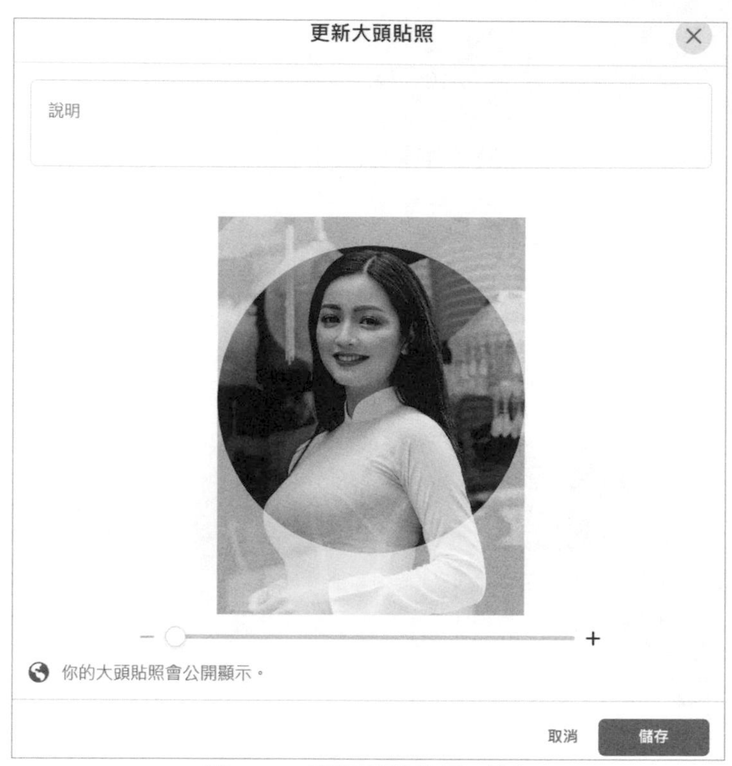

圖 8-19 調整照片位置 / 儲存

8-4 用戶名稱（URL）

用戶名稱是 Facebook 粉絲專頁獨一無二的網址（URL），能讓粉絲快速搜尋到你的粉絲專頁。採取：https：//www.facebook.com/ 用戶名稱 /，顯示在 Facebook 網址的後綴位置。

一、用戶名稱命名注意事項

1 只能使用英文命名，不可使用中文。

2. 不能和其他用戶重覆，Facebook 系統會審核有無重覆。
3. 最好是將粉絲專頁名稱中譯英，不可隨意亂命名。
4. 在用戶名稱中，帶與企業服務高度相關的關鍵字最佳。
5. 關鍵字與關鍵字之間不能留空白，需使用『-』字符來連接。
6. 若粉絲專頁名稱為 AkiraTalk，則用戶名稱可採用「@AkiraTalk」。
7. 用戶名稱長度越短越好，需考量用戶在手機端不利輸入長字串的問題。
8. 請注意：剛成立的粉絲專頁可能無法立刻建立用戶名稱，如粉絲專頁不夠活躍也可能遭到移除。

二、操作步驟

1. 從塗鴉牆的左欄『你的捷徑』下，點選『粉絲專頁名稱』。

圖 8-20　粉絲專頁名稱

2. 進入『管理粉絲專頁』後，左欄下方點選『編輯粉絲專頁資訊』。

圖 8-21　編輯粉絲專頁資訊

3. 在右欄編輯粉絲專頁資訊的一般區塊裡，第二個欄位用戶名稱就是 URL，重新輸入修改後，Facebook 會進行審查。先前提及註冊帳號和粉絲專頁的生命期較短，會無法建立用戶名稱；當輸入文字後，系統會顯示（你不符合建立用戶名稱的資格。），等過一段時間之後再來建立即可。

編輯粉絲專頁資訊

一般

名稱
手繪文創

用戶名稱

你不符合建立用戶名稱的資格。

圖 8-22　用戶名稱

8-5　粉絲專頁簡介

可在新建粉絲專頁時，在第三個欄位輸入說明處，寫入粉絲專頁簡介。日後也可在粉絲專頁資訊裡，在第三個欄位簡介中，輸入粉絲專頁的基本介紹。當用戶使用左上角搜尋列功能時，演算法會判斷簡介裡資料的匹配度，匹配度越高的內容，就會顯示在搜尋結果頁越上方，這可提升粉絲專頁在 Facebook 的能見度。

將粉絲專頁簡介寫好，可提升粉絲專頁在Facebook的能見度。

因此，撰寫簡介時，盡量以與企業服務屬性高度關聯的關鍵字，所組合成的語句，切忌勿將大量關鍵字堆疊在此欄位，會被判定惡意炒作關鍵字。

操作步驟：

1. 從塗鴉牆的左欄『你的捷徑』下，點選『粉絲專頁名稱』。

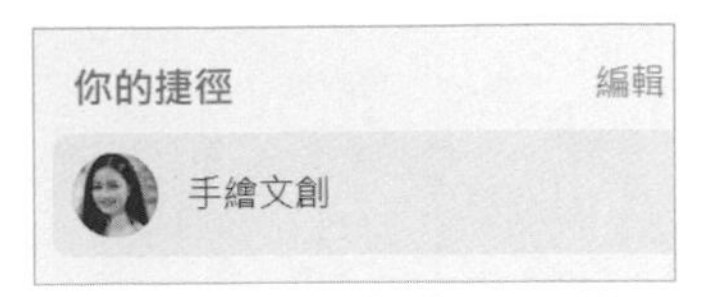

你的捷徑
編輯
手繪文創

圖 8-23　粉絲專頁名稱

❷ 進入『管理粉絲專頁』後，左欄下方點選『粉絲專頁資訊』。

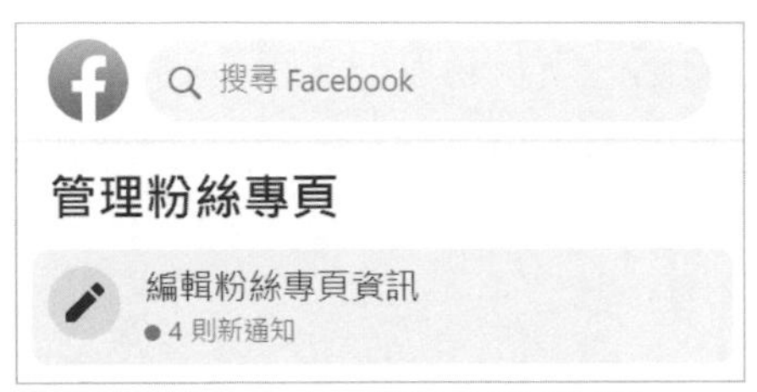

搜尋 Facebook
管理粉絲專頁
編輯粉絲專頁資訊
4 則新通知

圖 8-24　編輯粉絲專頁資訊

❸ 在右欄編輯粉絲專頁資訊的一般區塊裡，第三個欄位簡介，輸入粉絲專頁的基本介紹。

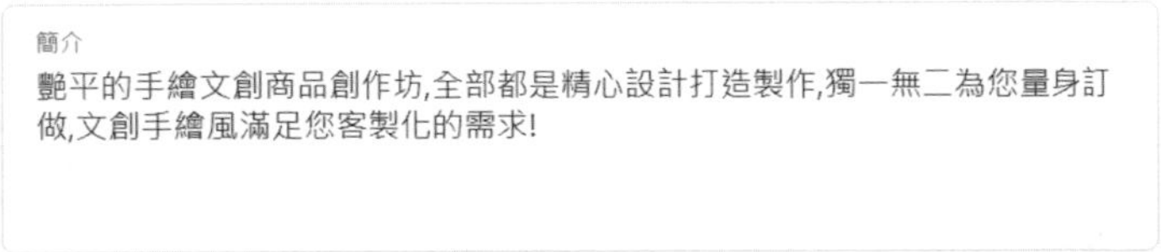

簡介
艷平的手繪文創商品創作坊,全部都是精心設計打造製作,獨一無二為您量身訂做,文創手繪風滿足您客製化的需求!

圖 8-25　簡介

❹ 字數上限為 255 個字元，忌堆疊關鍵字。

8-6　編輯粉絲專頁資訊

在粉絲專頁資訊中，已經講了三項重要的欄位，當往下拖拉捲軸，還有幾個欄位需要完成：

❶ 類別：操作步驟與前述類別方法相同。選擇能夠代表你粉絲專頁的類別，幫助用戶找到你的粉絲專頁。分類到正確的類別可讓 Facebook 適時向適合的對象顯示你的商家，協助你觸及更有互動的受眾。

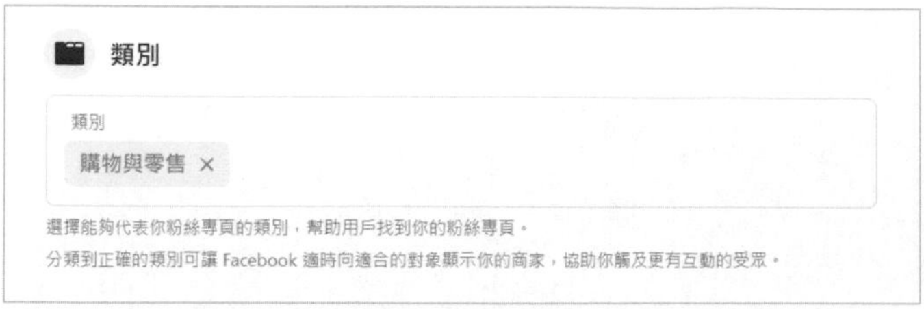
類別
類別
購物與零售 ×
選擇能夠代表你粉絲專頁的類別，幫助用戶找到你的粉絲專頁。
分類到正確的類別可讓 Facebook 適時向適合的對象顯示你的商家，協助你觸及更有互動的受眾。

圖 8-26　類別

2 聯絡資料：欄位左邊點一下灰色區塊，下拉選單選擇『台灣 TW+886』，右方電話號碼欄位輸入號碼。如沒可聯絡使用的電話號碼，請點選下方『我的粉絲專頁沒有電話號碼』。

聯絡資料
-
電話號碼
瑞典
SE+46
瑞士
CH+41
敘利亞
SY+963
台灣
TW+886
塔吉克
TJ+992
坦尚尼亞
TZ+255

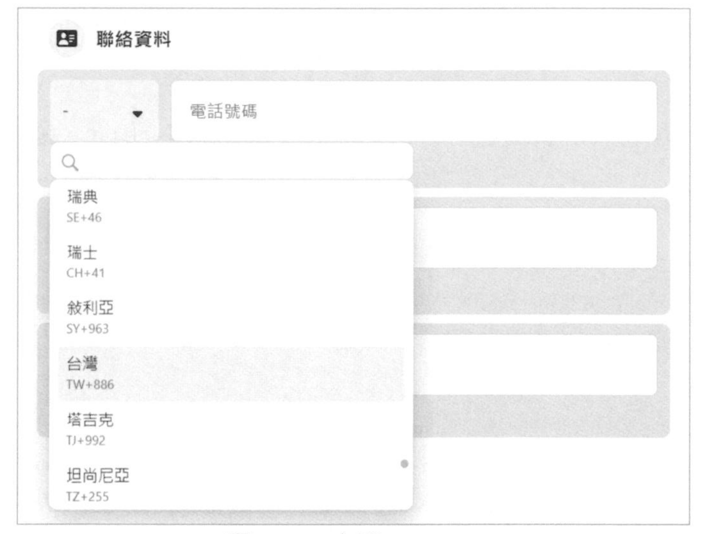

圖 8-27　台灣 TW+886

3 電子郵件：輸入電子郵件位置。如沒可聯絡使用的電子郵件，請點選下方『我的粉絲專頁沒有電子郵件地址』。

電子郵件
hibi••••••••••••••••••••@outlook.com
我的粉絲專頁沒有電子郵件地址

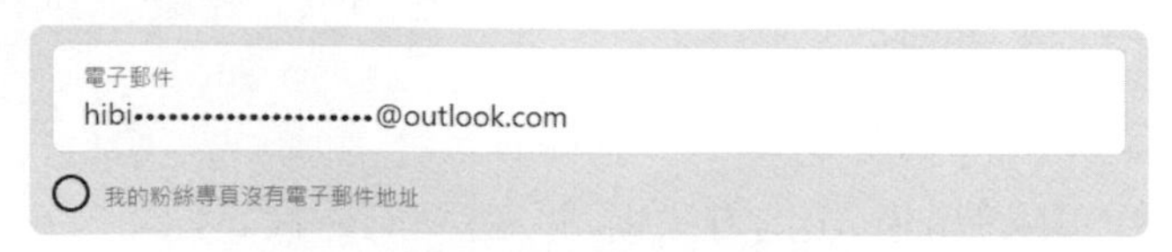

圖 8-28　電子郵件

4 網站：輸入官網網址。如沒官網，請點選下方『我的粉絲專頁沒有網站』。

圖 8-29　網站

5 地點：直接輸入實體店『地址、城市、郵遞區號』三項資料即可，建議不要使用下方『點擊並拖曳以調整位置』的方法，不容易拖曳到目標位置上。如無實體店鋪，可點選『我的粉絲專頁沒有實體地點』。

地點

各個欄位必須分開更新

地址
安業街

城市
新北市

郵遞區號
231

地圖地點

SHEHOU
PUQIAN
NEW TAIPEI
HUANZIYUAN
Minzu Road
Zhongzheng Road
Click and drag to reposition location

我的粉絲專頁沒有實體地點

圖 8-30　地址 / 城市 / 郵遞區號

接續下方其他地點詳情欄位，可選填『你的粉絲專頁是否擁有可讓顧客造訪的實體店面？、你的粉絲專頁是否提供到府服務？、顧客是否能在網路上購買你的產品或服務？』三項設定。

其他地點詳情 選填

你的粉絲專頁是否擁有可讓顧客造訪的實體店面？

◉ 是

○ 否

你的粉絲專頁是否提供到府服務？

○ 是

◉ 否

顧客是否能在網路上購買你的產品或服務？

◉ 是

○ 否

圖 8-31　其他地點詳情

❻ 服務區域：如果你會移動到不同地方，為顧客提供商品或服務，請選擇最多 10 個鄰里、城市或區域以定義你的服務範圍。

點選『服務區域』欄位，輸入地點的關鍵字，再選擇系統所顯示相關聯的關鍵字即可。

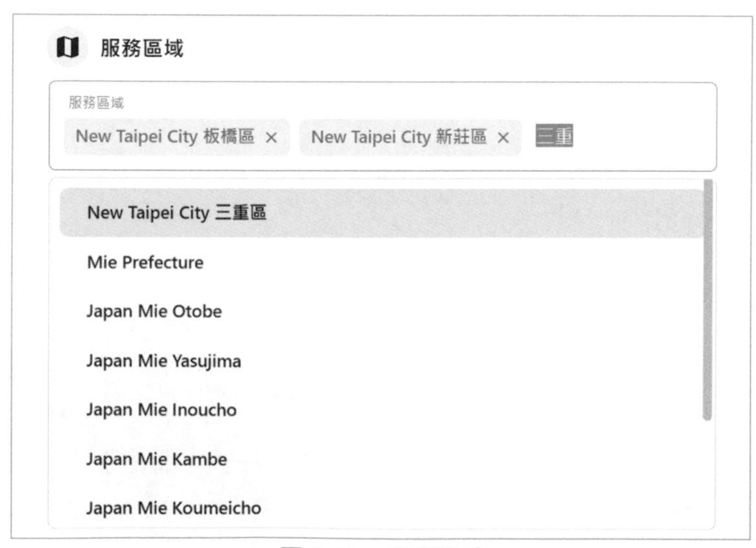

圖 8-32　服務區域

7 營業時間：點選有營業的時間，『未提供營業時間、24 小時營業、永久關閉和只在特定時間營業』，更新營業時間，讓搜尋結果在你分店營業期間顯示你的商家。

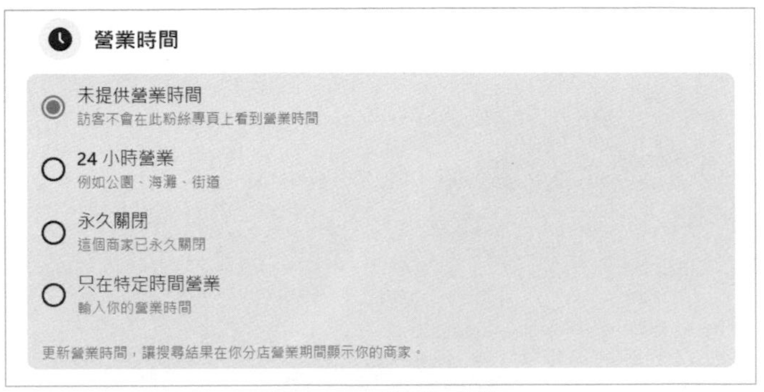

圖 8-33　營業時間

8 短期服務異動：可選擇『繼續營業，但服務內容有異動、暫時歇業和照常營業』（選擇一項選項，說明你因新冠肺炎（COVID-19）而進行的服務異動。）。

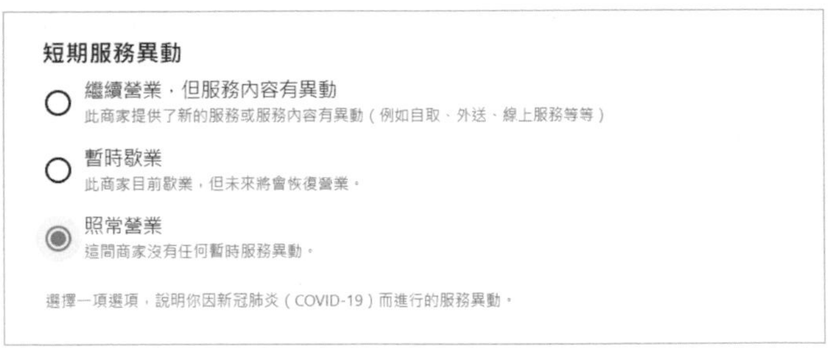

圖 8-34　短期服務異動

因應新冠肺炎（COVID-19）疫情的最新資訊的欄位，可視情況選填：『無、回覆時間較長、政策更新和額外協助』的選項。

下方目的地網址欄位，是官網針對因應新冠肺炎（COVID-19）疫情頁面位置，將該頁面網址複製貼上即可，如沒有疫情專責頁面，則點選『我的商家沒有關於新冠肺炎的網頁或網站網址』。

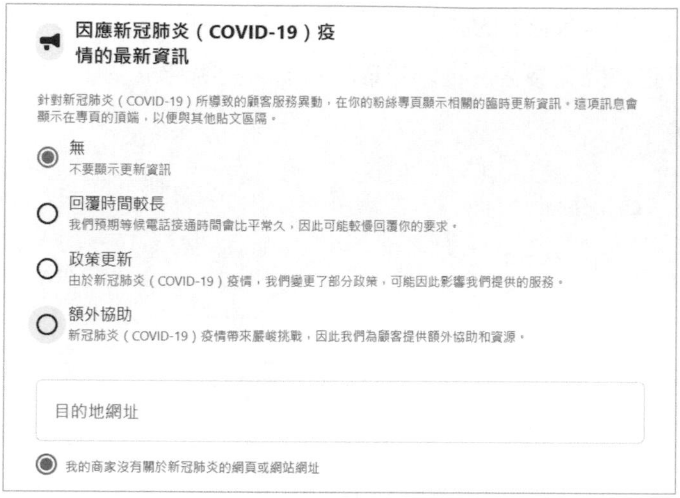

因應新冠肺炎（COVID-19）疫
情的最新資訊
針對新冠肺炎（COVID-19）所導致的顧客服務異動，在你的粉絲專頁顯示相關的臨時更新資訊。這項訊息會
顯示在專頁的頂端，以便與其他貼文區隔。
無
不要顯示更新資訊
回覆時間較長
我們預期等候電話接通時間會比平常久，因此可能較慢回覆你的要求。
政策更新
由於新冠肺炎（COVID-19）疫情，我們變更了部分政策，可能因此影響我們提供的服務。
額外協助
新冠肺炎（COVID-19）疫情帶來嚴峻挑戰，因此我們為顧客提供額外協助和資源。
目的地網址
我的商家沒有關於新冠肺炎的網頁或網站網址

圖 8-35　目的地網址

❾ 更多：可再輸入隱私政策、Impressum、商品、其他資訊、價格範圍的訊息。

更多
隱私政策
Impressum
商品
其他資訊
價格範圍

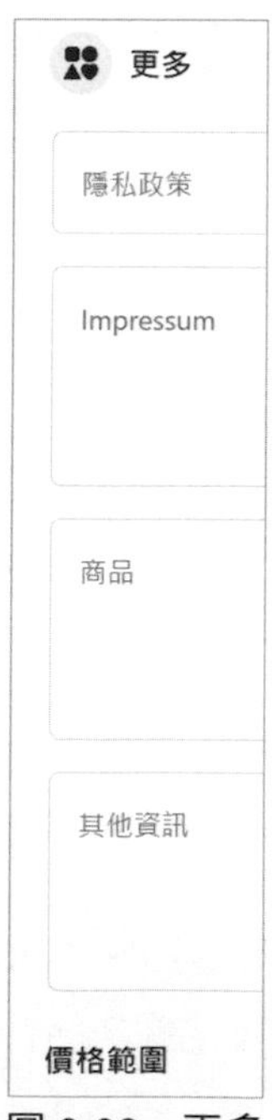

圖 8-36　更多

⑩ 其他帳號：第一『空白』欄位是輸入帳號用戶名稱；點擊第二『灰色倒三角』欄位，彈出下拉可選擇社群平台；點擊第三『藍色 +』欄位，可往下增加一組空白帳號欄位；點擊第四『灰色 X』欄位，可刪除該組社交帳號資料。

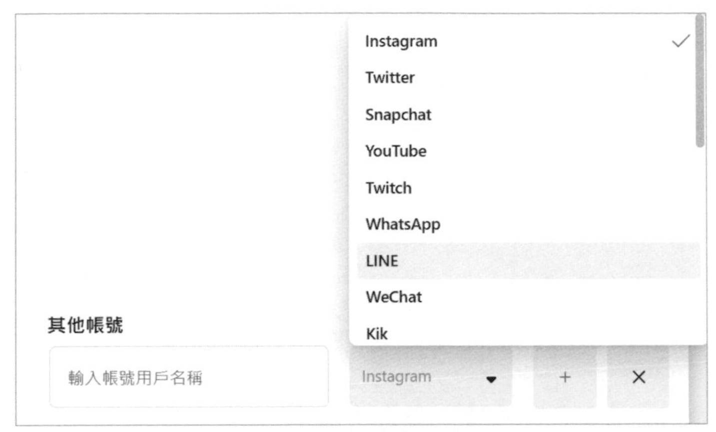

圖 8-37　其他帳號

粉絲專頁進階設定

9-1 頁籤

很多粉絲專頁小編在發佈貼文時，無論是官網最新訊息、企業特惠活動、網絡上熱門議題的文章、一般心情貼文…等，全部都使用『建立貼文』功能來發佈。這種張貼法的缺點，所有的文章全部混雜在一起，粉絲想找某一篇特惠活動的貼文，就得大海撈針不斷拉動捲軸去尋找，除非是遇到極有耐心的粉絲，否則，大部分用戶會直接選擇放棄，你就會失去一位買家。

要把不同屬性的內容分開來發佈，
不要都使用『建立貼文』來發佈。

粉絲專頁可以發佈相關貼文的功能，不止『建立貼文』，合適使用的功能還有『活動』、『直播』和『優惠』。應該把不同屬性的內容，分別以不同功能來發佈，如此一來，粉絲要找相關貼文時，就可以更快速找到。

上述功能在粉絲專頁預設時，並非是開啟的狀態，需進入設定將此功能的頁籤開啟。

開啟頁籤功能的操作步驟：

1. 從塗鴉牆的左欄『你的捷徑』下，點選『粉絲專頁名稱』。

圖 9-1　粉絲專頁名稱

2 進入『管理粉絲專頁』後，左欄下方點選『設定』。

圖 9-2　設定

3 在粉絲專頁設定畫面的左欄，點選『範本和頁籤』。

圖 9-3　範本和頁籤

4 右欄範本區塊點選『編輯』，彈出視窗選擇有助於粉絲專頁發展且附有預設按鈕及頁籤的範本。如：希望有購物商店功能和樣式，請點選『購物 / 其設計可展示商品，並讓用戶輕鬆進行網路購物。』的範本，接續視窗在點擊『套用範本』。

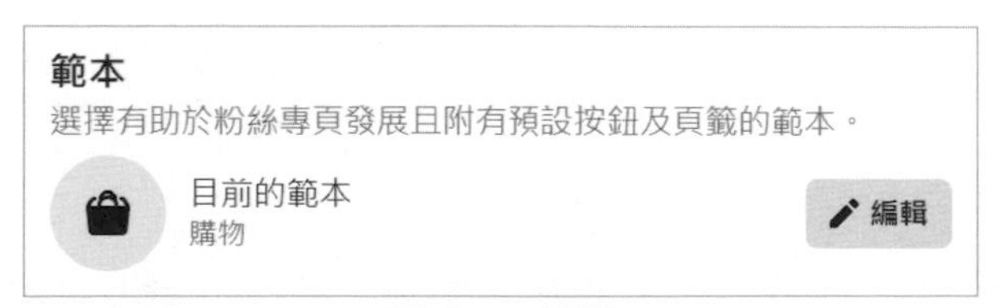

圖 9-4　編輯

圖 9-5　範本

5 接下來，在下方頁籤區塊裡，點擊『活動』、『直播』和『優惠』3 項右邊灰色按鈕，開啟成藍色按鈕。

圖 9-6　啟動活動、直播和優惠

6 如欲調整頁籤前後順序，滑鼠左鍵點擊頁籤左方 6 個黑點圖示按住不放，往上下拖拉，就可以改變頁籤的順序。

圖 9-7　改變頁籤順序

7 回粉絲專頁首頁，在封面下方就可以看到頁籤的選項，如未出現，則點選『更多』，彈出下拉選單即可看到其他頁籤。

圖 9-8　更多

9-2　優惠

留言『+1』是屬於誘導性的廣告內容，Facebook會給予懲罰喔！

各位在塗鴉牆，應該看過有些貼文和廣告裡，會出現：…請留言『+1』，…先點讚、分享和留言我想要…等類似語句。這些都屬於誘導性的廣告內容，引誘粉絲和粉絲專頁互動的行為，在 Facebook 是明文禁止，並且會給予懲罰降低該貼文的觸擊率。

問題是粉絲專頁一定得搞些推廣活動，不然怎吸引粉絲的目光呢？

別急！請善用『優惠』功能即可。

一般說來建立優惠活動、折扣或四限促銷（限時、限店、限量和限價）都是吸引粉絲互動常用的手段，小編要的這些行銷手段，『優惠』功能都能滿足你的需求。

請記得：別再使用建立貼文來張貼優惠活動，請把所有的推廣活動全部匯集到『優惠』功能裡，往後粉絲有優惠訊息的需求，就會主動點選優惠的頁籤。

操作步驟：

1. 在封面下方，點擊『優惠』頁籤選項。
2. 右下方點擊『建立優惠』。

圖 9-9　優惠 / 建立優惠

3 進入建立新優惠頁面中，左欄是設定，右欄是設定結果預覽。

圖 9-10 建立新優惠

4 在左欄你的優惠是什麼？下方，點擊第一項『折扣類型』欄位，下拉選單有：折扣百分比、折扣金額、免費商品或服務、免運費和自訂。

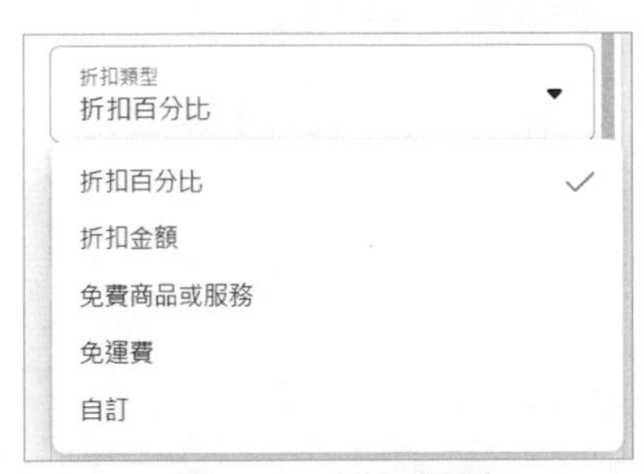

圖 9-11 折扣類型

(1) 折扣百分比：設定要打多少折扣。如：打八折，就在第二『折扣比例』欄位，輸入 20%。

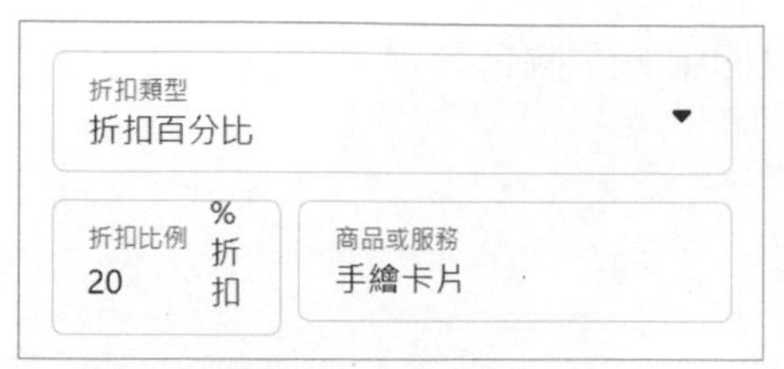

圖 9-12 折扣百分比

(2) 折扣金額：可折抵多少的現金。如：可折抵 50 元，就在第二『折扣金額』欄位，輸入 50。

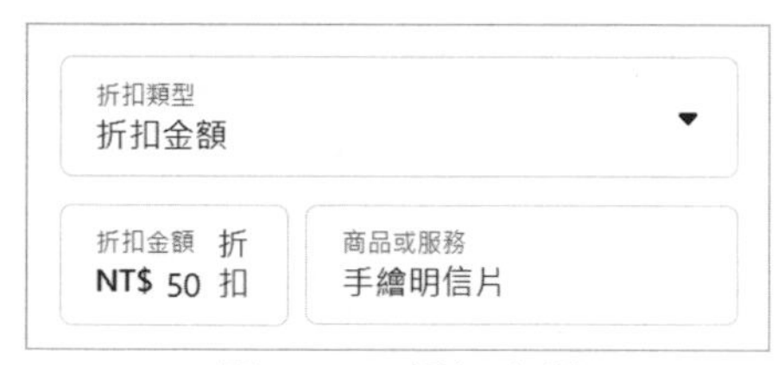

圖 9-13 折扣金額

(3) 免費商品或服務：粉絲消費後可以獲得的免費商品或服務。如：法式快煮鍋具組，就在第二『商品或服務』欄位，輸入法式快煮鍋具組。

圖 9-14 免費商品或服務

(4) 免運費：本次訂單可免付運費。

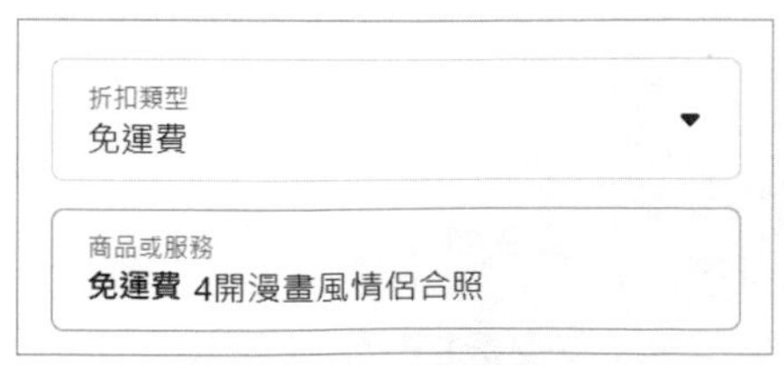

圖 9-15 免運費

(5) 自訂：自己設計優惠活動的方式。

圖 9-16　自訂

5 下方第三『商品或服務』欄位，是輸入優惠商品或服務的名稱。

圖 9-17　商品或服務

6 接續，第四『說明』欄位，會顯示在相片或影片的上方『說明會顯示在這裡…』，請簡單扼要說明，切勿過多內容會被折疊顯示成『…更多』。一般用戶只給 1 秒不到的時間決定後續動作，極少部分用戶才會點更多去看長篇大論。

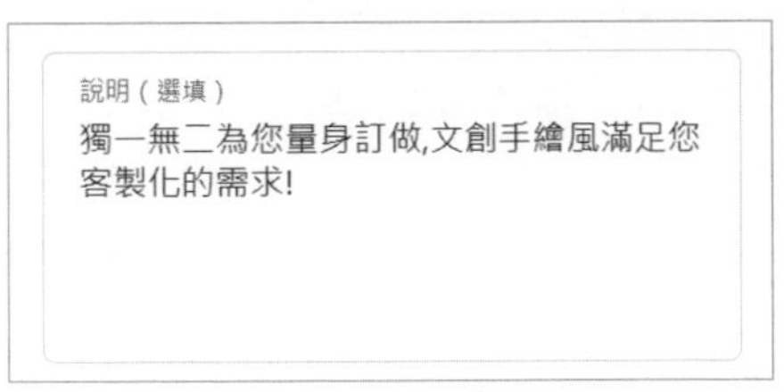

圖 9-18　說明

7 再下一欄位是相片，點擊『從照片中選擇』鍵，可彈出從相片中選擇視窗，即可點選已上傳相片。若點擊『新增相片』鍵後，會彈出檔案管理員視窗，即可選擇電腦裡的相片檔案。

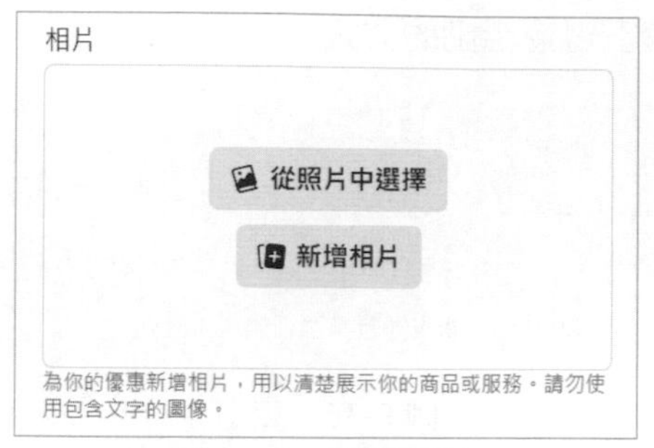

圖 9-19　新增相片

請注意：粉絲第一眼所見，就是這張相片（圖片），相片能否抓住粉絲的眼球，會影響粉絲點擊和往下閱讀貼文的意願度，所以必須多花點心思站在粉絲們的立場去設計相片。

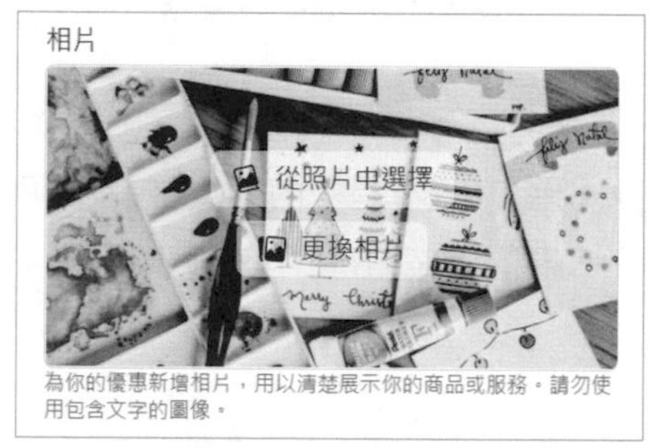

圖 9-20　設計相片

8 再往下，可以設定優惠活動的到期日和時間。點左欄『到期日』，會彈出日曆，選擇日期數字；點右欄『時間』，則彈出時間刻點，選擇所需時刻即可。

當優惠活動到期時，就會自動關閉。如希望優惠活動一直在線上運作該怎設定？只要把到期日設定為較長的期限，先改年份，再選日期即可。

圖 9-21　設定到期日

圖 9-22　設定時間

9 接下來，哪裡可以取得此優惠？有『實體店面（用戶可以到你的實體商店或營業地點兌換此優惠）和網路（用戶可以在網路兌換此優惠）』2 項。只有實體店面可兌換，就只勾選實體店面右邊的核選鈕；只能在網路兌換，就只勾選網路右邊的核選鈕；2 項都能兌換，則需都保持勾選狀態。

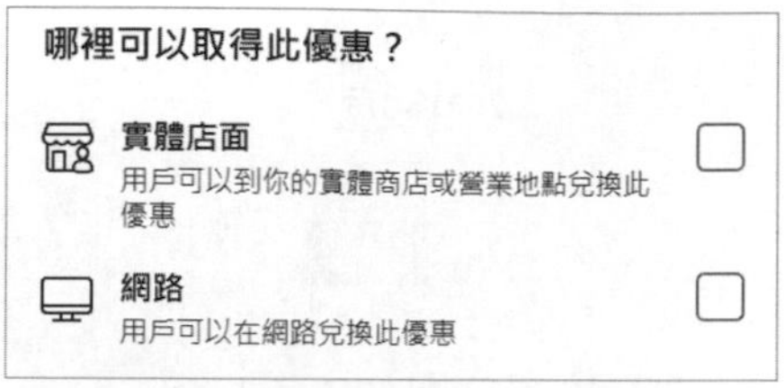

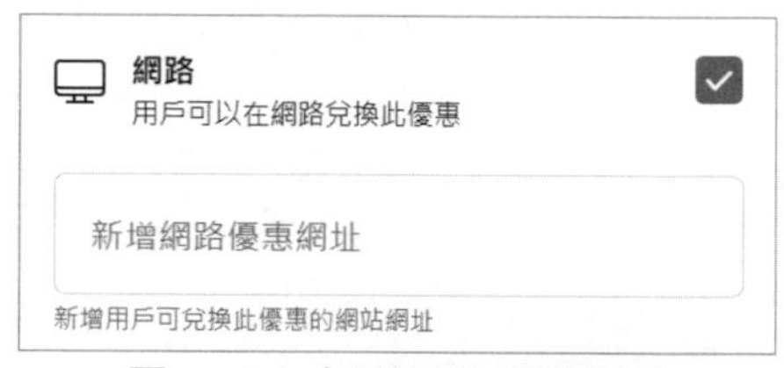

圖 9-23　哪裡可以取得此優惠？

當勾選網路可兌換後，下方會彈出一項『新增網路優惠網址』欄位，要把此次官網優惠活動可兌換網址複製貼上。

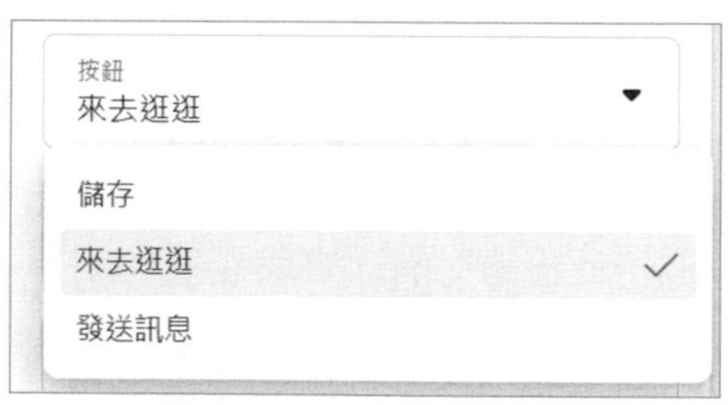

圖 9-24　新增網路優惠網址

⑩ 接續下方，三項進階選項設定：

(1) 按鈕：顯示在相片的右下方，另名稱為行動呼籲按鈕。滑鼠點擊後，彈出『儲存』、『來去逛逛』和『發送訊息』三種下拉選項，滑鼠點選所需要顯示名稱即可。

圖 9-25　行動呼籲按鈕

(2) 新增使用條款與條件：小編需將優惠活動執行辦法和詳細規則貼上，切勿輸入簡寫版本容易引發糾紛。

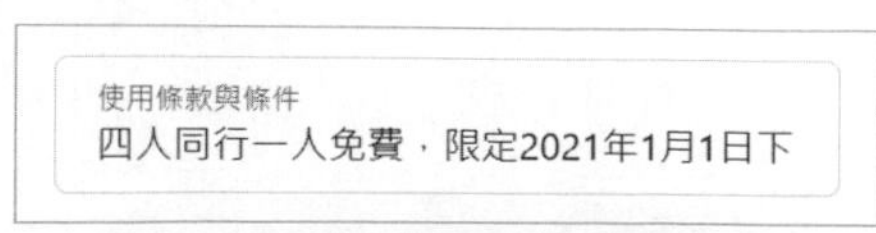

圖 9-26　新增使用條款與條件

(3) 新增優惠代碼：無優惠代碼或口令，則跳過留空白即可。有特定優惠代碼，請輸入英數組合字串在此欄位。

圖 9-27　新增優惠代碼

(4) 下方加強推廣優惠的項目，如需付費廣告投放加強推廣該訊息，滑鼠點擊左下灰色鍵轉變成藍色鍵，即可啟動加強推廣。

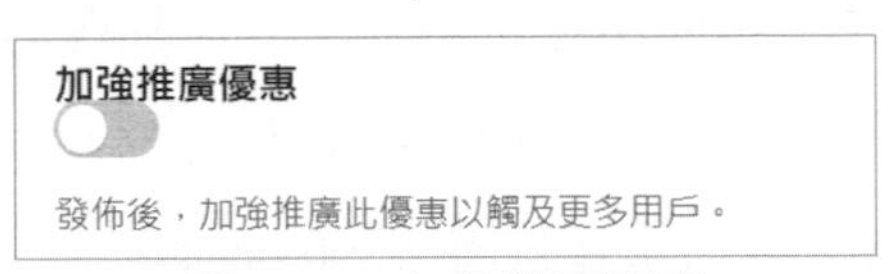

圖 9-28　加強推廣優惠

11 接續，點擊下方灰色『…』鍵，會彈出已排定發佈的優惠視窗，可選擇你想要發佈優惠的日期和時間（未來時間）。

圖 9-29　…

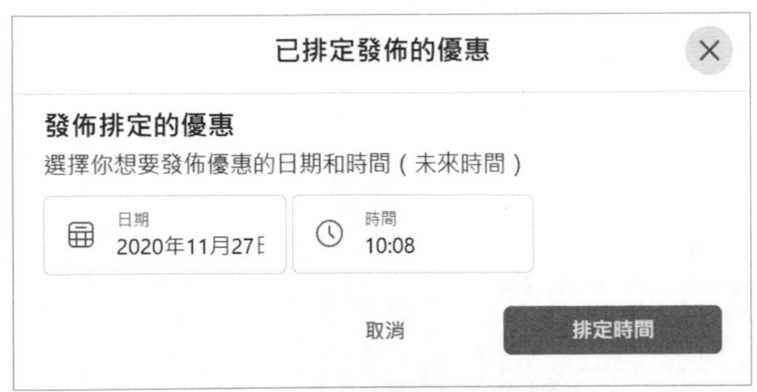

圖 9-30　排定發佈的優惠時間

⑫ 最後，點擊最下方『發佈』鍵。

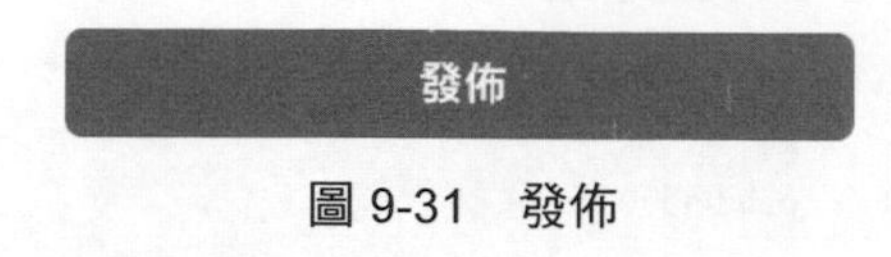

圖 9-31 發佈

9-3 活動

活動機制一般說來，是使用在實體地點的活動舉辦上，當然也有人使用在線上商品特惠活動。建議各位小編最好切割乾淨，商品優惠活動固定使用優惠功能，本活動功能專注使用在實體地點的活動舉辦上。

操作步驟：

點擊粉絲專頁封面下方『活動』功能後，在點擊右下『建立新活動』鍵，會進入舉辦活動設定視窗中，右欄有『線上』和『現場』2 種建立活動鍵，是分別顯示不同設定畫面。

圖 9-32 活動 / 建立新活動

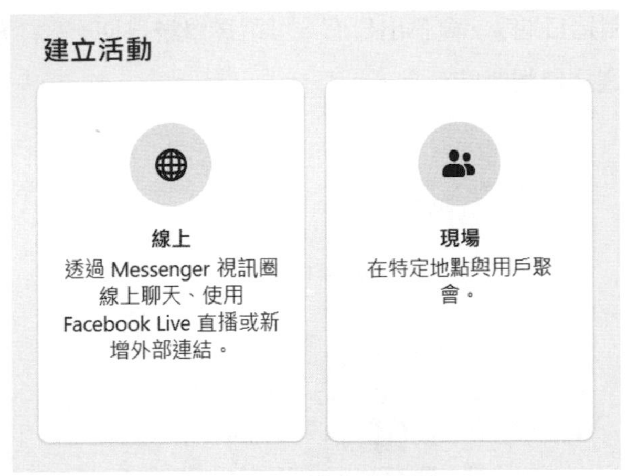

圖 9-33　線上和現場

一、『線上』：

1. 點擊進入活動詳情設定畫面，右欄是預覽畫面。點選右上角『電腦』或『手機』圖示可切換成『桌面版預覽』和『行動版預覽』。

圖 9-34　電腦和手機圖示

2. 在左欄活動名稱欄位，輸入本次活動名稱。

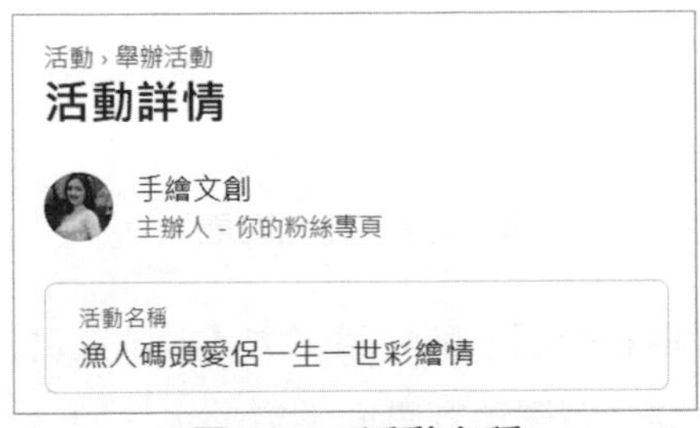

圖 9-35　活動名稱

❸ 下方點擊『開始日期』，會彈出日曆，可選擇舉辦日期；點右方『開始時間』，彈出下拉可選擇舉辦的時刻點。

圖 9-36　開始日期

圖 9-37　開始時間

如需要設定結束日期和時間，則點擊下方『+ 結束日期和時間』，即可設定結束日期和結束時間。右欄預覽畫面上方，也會顯示有哪幾場活動舉辦的日期。

+ 結束日期和時間

圖 9-38　+ 結束日期和時間

圖 9-39　結束日期和結束時間

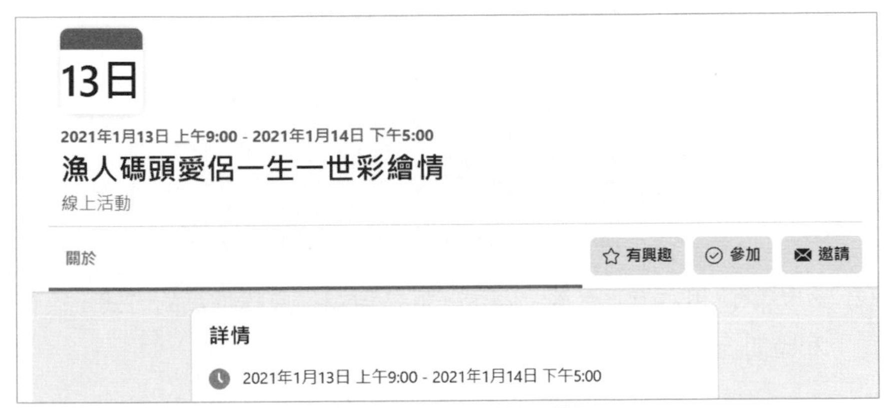

圖 9-40　右欄預覽日期

4 接續下方，點擊地點欄位，直接輸入地址是最快設定的方式。

(1) 先在 Google 搜尋該地點的地址，連帶郵遞區號和地址一起複製貼上，下拉會出現相關地點，選擇最下方僅使用『地址』打藍勾選項即可。在右欄預覽畫面，詳情欄位右方會顯示出地圖。

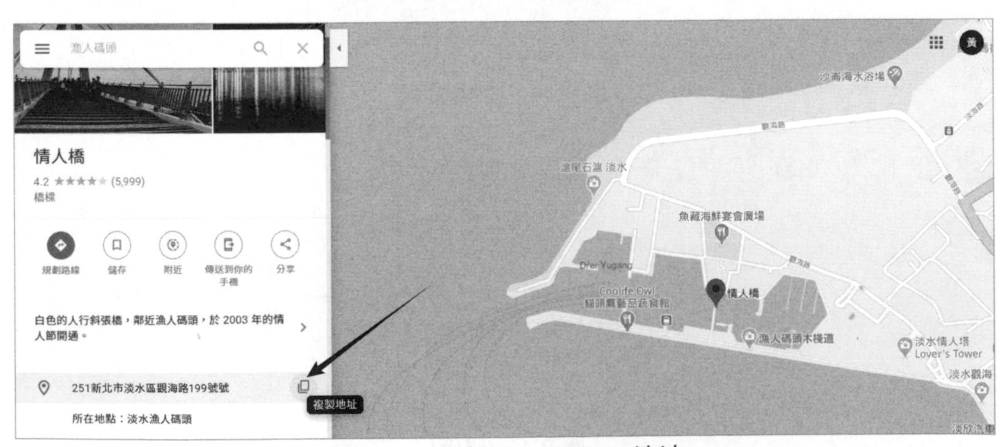

圖 9-41　複製 Google Map 地址

圖 9-42　僅使用地址藍勾選項

(2) 勿點擊使用右方『水滴』圖示，這是地圖拖曳找地點的方式，很花眼力和時間，又不容易搞定。

圖 9-43　水滴圖示

5 後續，下方隱私設定保持公開。

圖 9-44　隱私設定

6 接下來，點擊『說明』欄位，輸入活動說明文。

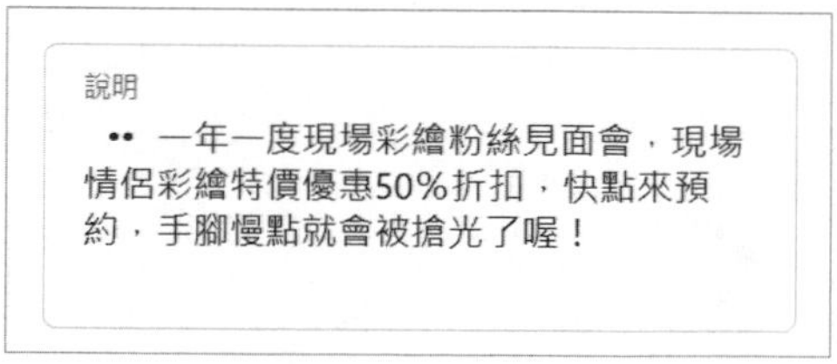

說明
•• 一年一度現場彩繪粉絲見面會，現場情侶彩繪特價優惠50%折扣，快點來預約，手腳慢點就會被搶光了喔！

圖 9-45　說明

7 下方點擊『類別』欄位，彈出下拉選擇活動適合的類別。

圖 9-46　類別

8 若右方預覽畫面顯示無誤，即可點選左欄最下方的『下一步』鍵。

圖 9-47　下一步

9 進入設定第二頁舉辦活動地點（選擇用戶加入你線上活動的方式）的畫面中，下方會顯示 3-4 項可選擇的方式，左欄底部會顯示 2 條藍色色條。

圖 9-48　選擇用戶加入你線上活動的方式

圖 9-49　2 條藍色色條

(1) 點擊『Facebook Live』，彈出 Facebook Live 活動說明視窗，再點『好』，即可跳回。右欄預覽畫面上方，會出現『Joun Live』鍵；詳情下方會多顯示『透過 Facebook Live 線上進行』。

圖 9-50　Facebook Live

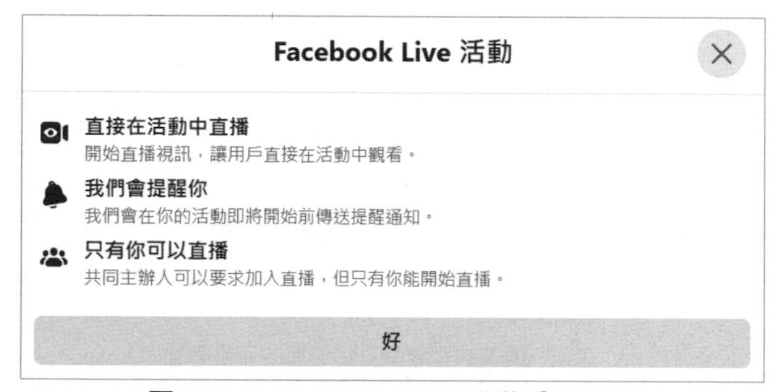

圖 9-5　1 Facebook Live 活動說明視窗

圖 9-52　Joun Live

(2) 點擊『外部連結』，下方彈出活動連結欄位，點擊即可複製貼上活動連結位置。右欄預覽畫面上方，會出現『參加活動』鍵；詳情下方的線上活動欄位，會多顯示『網址位置』和『線上』圖示。

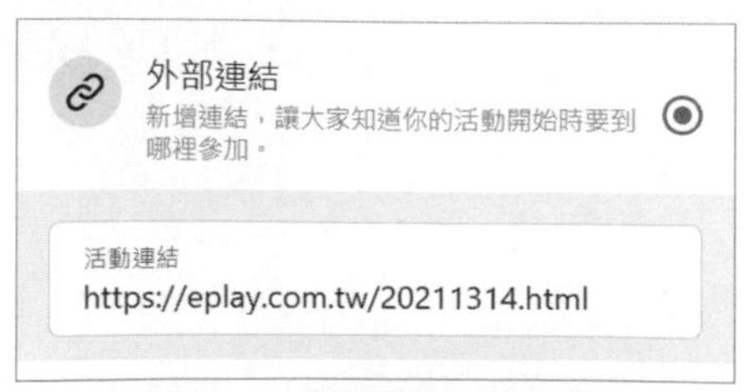

圖 9-53　外部連結 / 活動連結

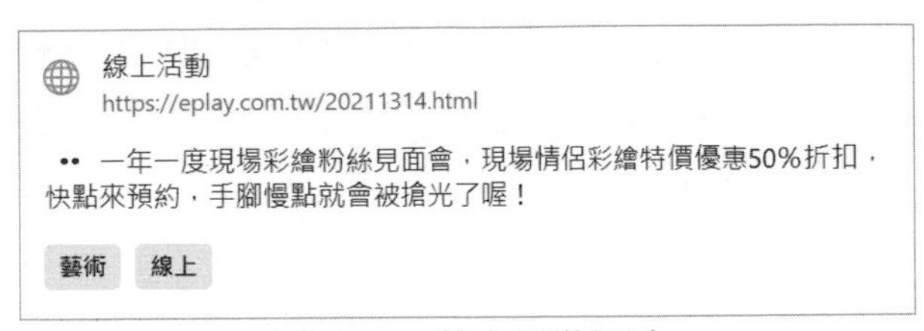

圖 9-54　線上活動網址

(3) 點擊『其他』，是需要在活動詳情清楚說明參加辦法。

圖 9-55　其他

10 選擇設定好了之後，點擊下方『下一步』。

圖 9-56　下一步

11 進入設定第三頁其他詳情畫面中，下方顯示 3 條藍色色條。左欄上方封面相片欄位，點擊『上傳封面相片』，可打開檔案總管選擇設計完成的封面相片檔案上傳。

圖 9-57　3 條藍色色條

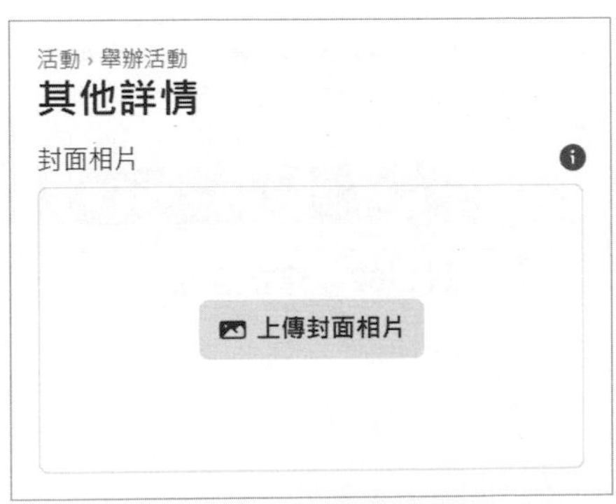

圖 9-58　上傳封面相片

⑫ 接續點擊『活動設定』選項。進入活動設定畫面後，點擊左欄『共同主辦人』，可輸入共同主辦人的粉絲專頁名稱和朋友名字，下方 4 項可依實際需求狀況點擊開啟或關閉，設定完畢後點擊『儲存』鍵。

圖 9-59 活動設定

圖 9-60 共同主辦人

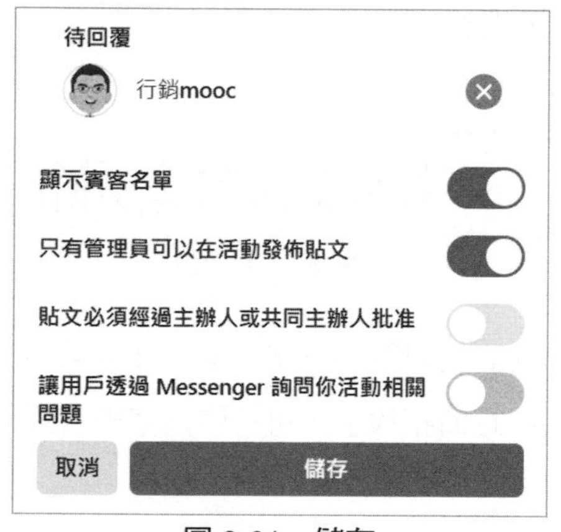

圖 9-61 儲存

⑬ 都設定完畢無誤之後，點擊左欄下方『建立活動』鍵，即可建立該活動訊息。

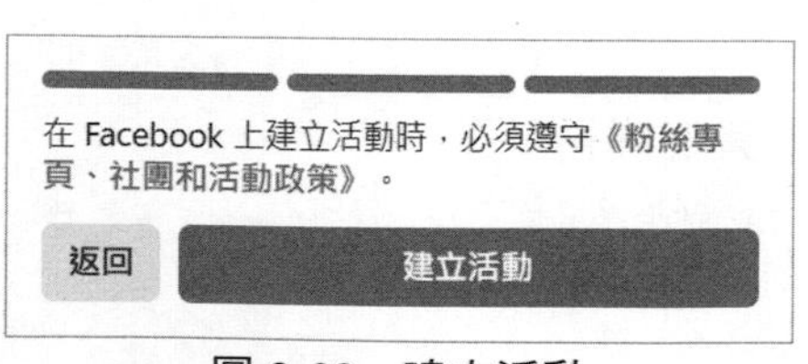

圖 9-62 建立活動

二、『現場』（以下只針對兩者不同之處進行圖解）：

圖 9-63　現場

1. 點擊進入活動詳情設定畫面，右欄是預覽畫面與線上設定一樣。

2. 在左欄活動名稱欄位，輸入本次活動名稱。

3. 下方點擊『開始日期』，會彈出日曆，可選擇舉辦日期；點右方『開始時間』，彈出下拉可選擇舉辦的時刻點。

   (1) 如需要設定結束日期和時間，則點擊下方『+ 結束日期和時間』，即可設定結束日期和結束時間。

   (2) 下方多了『定期活動』鍵，點擊後開始日期上方切換成安排多個活動的時間區塊。

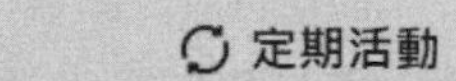

圖 9-64　定期活動

a. 點擊『頻率』欄位，會彈出每日、每週和自訂的選項。

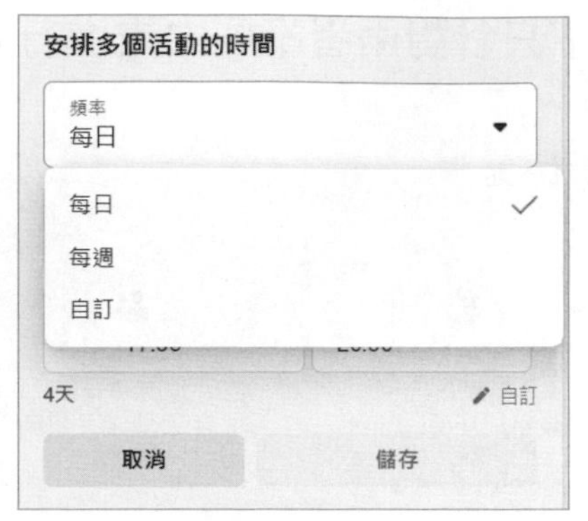

圖 9-65　頻率

b. 每日和每週設定完畢後，需點右下『儲存』鍵。

圖 9-66　每週

圖 9-67　每日 / 儲存

c. 若點擊『自訂』，即彈出自訂活動行事曆的視窗，可先選擇日期，再點右欄『+ 新增時段』，即可設定多項活動行事曆，設定完畢點擊右下角『完成』。

圖 9-68　自訂活動行事曆

d. 當日期和時間都設定好之後，需回安排多個活動的時間區塊下方，點擊『儲存』，才能保存剛剛的設定。右欄預覽畫面上方，也會顯示有哪幾場活動舉辦的日期。

圖 9-69　儲存日期時間後

圖 9-70　右欄預覽活動舉辦日期

4 後續，下方隱私設定保持公開。

5 接下來，點擊『說明』欄位，輸入活動說明文。

6 下方點擊『類別』欄位，彈出下拉選擇活動適合的類別。

7 若右方預覽畫面顯示無誤，即可點選左欄最下方的『下一步』鍵。

8 進入設定第二頁舉辦活動地點的畫面中，點擊地點欄位，直接輸入地址是最快設定的方式。

(1) 先在 Google 搜尋該地點的地址，連帶郵遞區號和地址一起複製貼上，下拉會出現相關地點，選擇最下方僅使用『地址』打勾藍選項即可。在右欄預覽畫面，詳情欄位右方會顯示出地圖。

(2) 勿點擊使用右方『水滴』圖示，這是地圖拖曳找地點的方式，很花眼力和時間，又不容易搞定。

9 地點設定好了之後，點擊下方『下一步』。

10 進入設定第三頁其他詳情畫面中，下方顯示 3 條藍色色條。左欄上方封面相片欄位，點擊『上傳封面相片』，可打開檔案總管選擇設計完成的封面相片檔案上傳。

11 點擊下方『參加方式』欄位，可新增購票連結網址。切換到參加方式畫面中，在新增購票連結下方，點擊『購票網址』，輸入或複製貼上網址，再點『儲存』鍵。

圖 9-71　參加方式

圖 9-72　購票網址 / 儲存

12. 回其他詳情畫面，接續點擊『活動設定』選項。進入活動設定畫面後，點擊左欄『共同主辦人』，可輸入共同主辦人的粉絲專頁名稱和朋友，下方四項可依實際需求狀況點擊開啟或關閉，設定完畢後點擊『儲存』鍵。

13. 都設定完畢無誤之後，點擊左欄下方『建立活動』鍵，即可建立該活動訊息。

9-4 直播

直播是可以和粉絲進行深度交流互動的好方法。

直播後的影片內容，若剪接成精華版的短視頻，可上架到 YouTube 頻道裡，讓無法長時間看直播的粉絲們，也能透過精華版瞭解官方最新訊息和持續保持互動關係，還可充實 YouTube 影片庫。

封面相片下的『直播』功能，主要是顯示之前直播完畢後，有點選保存直播影片內容，所有直播影片的清單就會顯示在此。如是新帳號，且沒直播過，會出現沒有可顯示的影片字串。

圖 9-73　直播

9-5 其他頁籤

先前有網誌功能，主要是運用在提供官方最新消息、企業內容、官方簡介、最新產品介紹、開箱文…等訊息，和粉專一般貼文功能做區隔，方便粉絲能快速找到與企業端有關的訊息。但目前 Facebook 已經刪除網誌，能繼續運用在彰顯企業訊息只有『服務內容』和『關於（粉絲專頁資訊）』；但這兩個頁籤選項，是屬一次性刊載訊息，無法持續性發佈貼文。

圖 9-74　服務內容和關於

能持續性發佈貼文與粉絲互動剩下『社團』選項，但社團只是粉專與粉絲端一般隨性的互動貼文，不適合運用在提供企業端訊息使用。

圖 9-75　社團

社團過去被不當賣家濫加好友之後，用來強行圈養買家、瘋狂倒貨、清倉和濫發商品訊息的管道。目前大多是個體戶、跑單幫、海外購、團購、直銷和貸款…等賣家所使用，正規品牌商已經有粉專和啟用商店，何必再開啟社團，又將社團類型設定成商品買賣（建立和管理拍賣商品，在貼文中指定幣別），這樣一來不就反覆顯示同樣的商品訊息，其下場只會讓粉絲選擇跳離該頁面而已。

圖 9-76　商品買賣

有人會認為社團有通知功能，可以突破 Facebook 限縮自然觸擊率的問題，讓粉絲在第一時間內接收到企業端的通知；其實這句話有個前提，必須是粉絲主動加入社團才能接到通知。若粉絲非自願性加入社團，通常是選擇退出和拒絕加入，甚至還可能點選『封鎖粉絲專頁』，對帳號權重來說會更加不利。

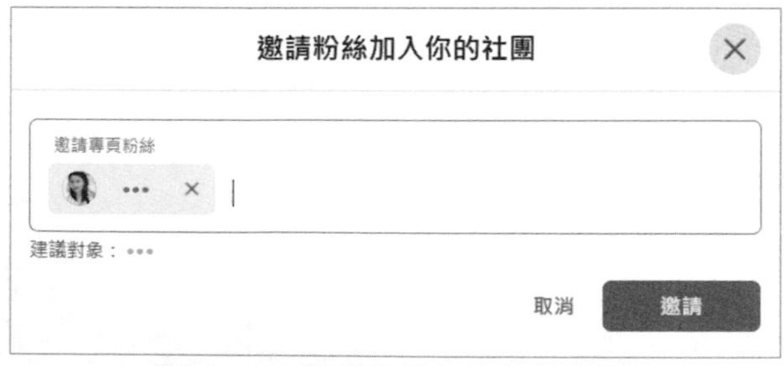

圖 9-77　邀請粉絲加入你的社團

圖 9-78 邀請通知

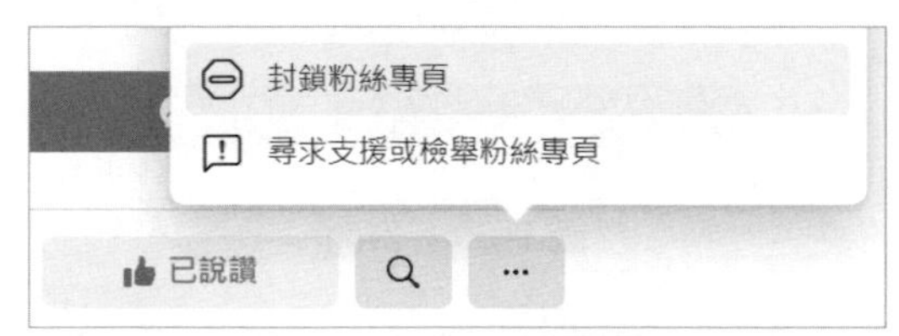

圖 9-79 封鎖粉絲專頁

如非得使用社團不可的話，不能只有將社團設定為公開，小編需要構思好康活動，用以激勵粉絲主動加入社團，以及更要努力發佈有價值的內容，才能讓粉絲不會退出社團。

圖 9-80　公開

再者，建議啟用『社團學習單元』（單元頁籤），將企業端訊息發佈在此，用來和一般粉絲互動貼文做出區隔。

圖 9-81　開啟社團學習單元

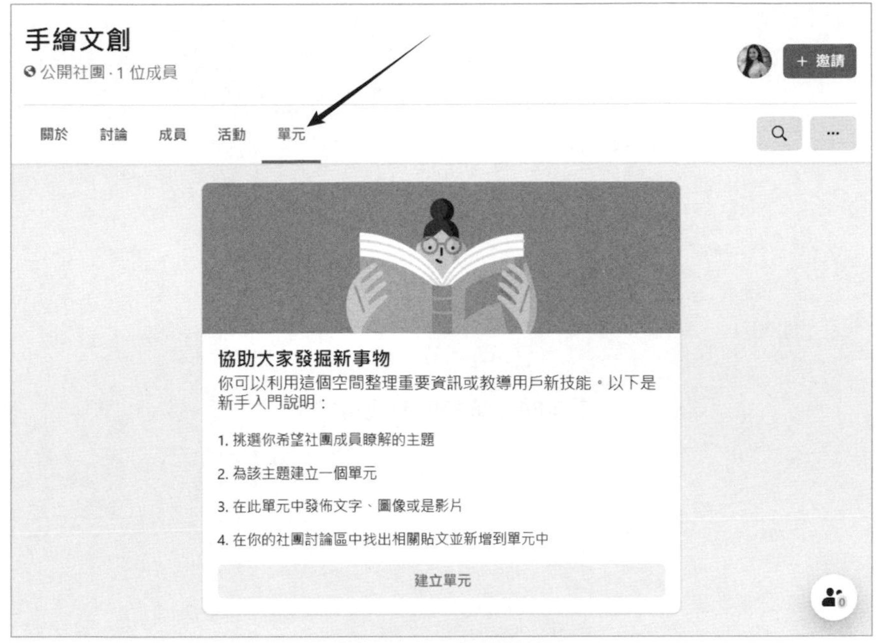

圖 9-82　建立單元

如只想單向使用於企業端發佈訊息，則需將管理討論區下，誰可以發佈貼文改點選成『僅限管理員』，粉絲將無法在社團發佈貼文，後點『儲存』。

管理討論區
誰可以發佈貼文
社團中的所有人
僅限管理員
取消　儲存
審核所有成員貼文
開啟

圖 9-83　發佈貼文僅限管理員

下方審核所有成員貼文，點擊『開啟』，後點『儲存』，用以防止不肖人士的垃圾廣告貼文。

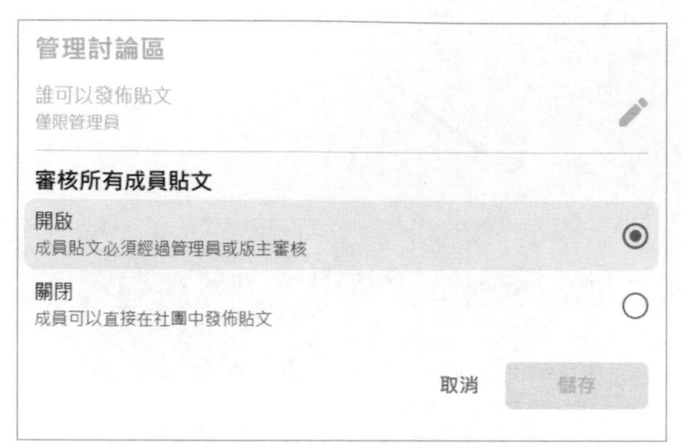

圖 9-84　審核所有成員貼文

企業粉絲專頁社群行星佈局策略

10-1　社群行星理論

10-2　企業粉絲專頁佈局策略：ABC 法則

10-1 社群行星理論

1 家企業的官網和粉絲專頁，就等於是在浩瀚宇宙中孤獨的 1 顆小行星。首先要把獨立運轉的小行星，增加幾個小衛星，如同月球般環繞著地球轉，就可以轉變形成 1 個星座。當小衛星增長成小行星，周遭也有小衛星圍繞，持續擴展之下，就可以轉變成星系。如能往外再融合其他的星系，就能轉變成為 1 條聚集諸多小行星的璀璨星河。

圖 10-1　從 1 顆行星轉變成璀璨星河

一般中小型企業，是 1 個官方網站對應 1 個粉絲專頁，少部分會多加經營 1 個 Instagram 的商業帳號，多數公司是沒有經營 YouTube 頻道。如果被同行惡意檢舉，而導致帳號被鎖，所有努力就會全部歸零，這是過去幾年來台灣某些產業在 Facebook 裡常遇到的窘況。

因此，應對的策略：是在 1 個官網和 1 個官方粉絲專頁之外，必須新增多個延伸關係的粉絲專頁群。如同上述將孤獨的小行星轉變成 1 個星座，就算被黑洞吸走幾個小衛星，還是能屹立不搖的在浩瀚宇宙裡繼續存活下去。

當延伸性的粉絲專頁群不斷成長壯大，就能成為1個星系體。

此時若透過企業間的策略聯盟，以及交換行銷資源…等手段，再結合第三方社群平台裡的關鍵意見領袖（KOL）粉絲群，要轉變形成 1 條星河體系絕對是指日可待。

圖 10-2　從 1 個官方粉專轉變成龐大的社群體系

接下來，要把小星河在轉變成宇宙聯盟。

由於延伸性粉絲專頁群不斷成長，在各個社群粉絲們的問題和需求反餽之下，原本形象式官網是無法滿足既有粉絲群的需求，此時官網就需轉變成具備『服務、商務、娛樂、知識、聊天和交友』等多元性的社群網站；如此一來，不但能吸引眾多 KOL 駐紮，而且各企業也會主動要求策略聯盟和商務合作。

圖 10-3 社群的宇宙聯盟

想要到達此規模性的成長，當然是不可能一蹴可及，小編們需在每年 24 個農曆節氣、國定假期和國際節日之時，都要做好每週的行銷規劃與推廣活動；並且必須先主動進行企業和企業間的策略聯盟，用以擴大各種行銷活動的舉辦規模，才能吸引到更多粉絲群的關注；在如此接續努力與成長之下，哪有不能成就擁有百萬粉絲群的心願。

10-2 企業粉絲專頁佈局策略：ABC 法則

筆者以過去協助 X 奶粉建立行銷渠道的案例，來做實際說明；X 奶粉公司想拓展 C 國家奶粉市場，X 奶粉公司最基礎需建置 C 國在地化的官網和官方粉絲專頁。

筆者所要建立是 X 奶粉公司在 C 國家的行銷渠道，關鍵字是將『奶粉』往上拉抬一階之後，從『母嬰』的關鍵字開始發散，整個關鍵字 Map 第一、二層如下圖示：

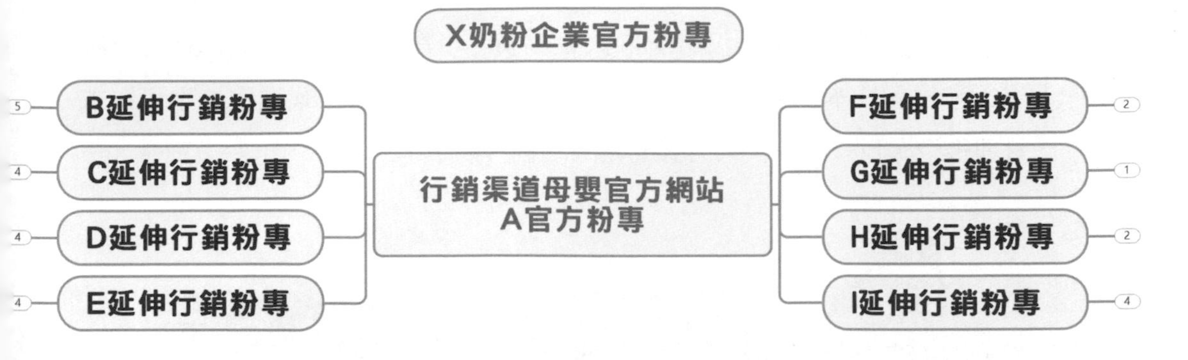

圖 10-4　粉專 A 到 I 架構圖

因此，整個 C 國行銷體系為：1 個行銷渠道的母嬰官方網站、A 設定為母嬰官網的官方粉絲專頁、B 至 I 設定為延伸粉絲專頁。

一、A 官方粉絲專頁

A 官方粉絲專頁的貼文內容，是以母嬰官網的正式議題為主，需要提供對粉絲有價值的內容。

所謂的有價值，是要能解決粉絲所遭遇到的問題和滿足需求的內容。

A 官方粉絲專頁也是母嬰官網的官方活動、產品服務和社群管道主要公告處。因此，在撰寫的角度、思慮方式和遣詞用語各方面都需嚴謹不可出錯，發文前必須審視多次才能發佈。

此帳號千萬別亂加好友（粉絲自加除外），或隨意貼文被檢舉濫發垃圾訊息…等，這些容易導致帳號權重被降低；當進行廣告投放時，會造成觸擊率降低，投放成本提高的窘況。

二、A 官網和粉絲專頁所需求的系統架設

多數小型公司內部是沒有 MIS 人員編制，早期若想擁有官網就得付出龐大建置和維護成本，現今只要承租雲端主機，即使不懂程式編程，也可在主機管理後台，以一鍵安裝的方式輕鬆架設官方網站。

目前最多站長使用的架站程式是WordPress部落格系統，與之串連最受歡迎的購物車系統是WooCommerce。

WordPress 和 WooCommerce 兩者可以完全整合在一起，而且擁有最多國際開發團隊所支援的外掛、插件和小程式，讓小編可以輕鬆串連各大社群平台，並進行各種線上行銷推廣活動。

WordPress

https://wordpress.org/

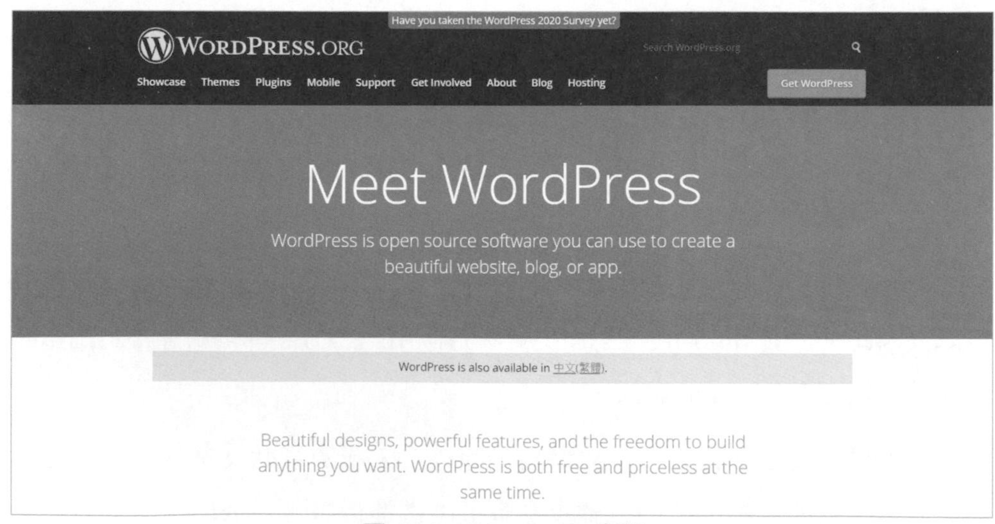

圖 10-5 WordPress 官網

WooCommerce

https://woocommerce.com/

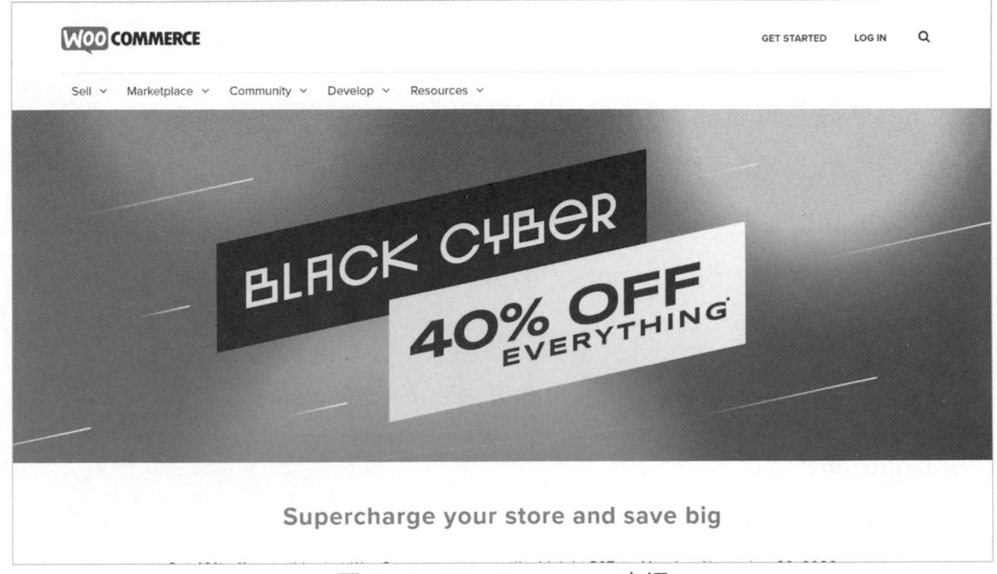

圖 10-6　WooCommerce 官網

多數粉絲專頁線上客服的服務時間，是依照企業上班時間才有客服，用戶如在下班時間進入粉絲專頁，當然找不到任何客服，只能留言等待明日上班時間才有人處理與回覆；不耐久候的人，通常會選擇再找找其他粉絲專頁和社團吧！此時，公司就會失去 1 個寶貴賺錢的好機會。

如想解決這種窘況，最好的方式就是在粉絲專頁安裝Facebook Chatbot聊天機器人！

國內外已經有很多團隊開發出 Facebook 和 LINE 的 Chatbot 平台；就算不具備程式編程背景的小編，只要申請好帳號，就可以在管理後台輕鬆設定 Chatbot 和串連 Facebook 粉絲專頁，讓粉絲專頁可以 24HR 為粉絲服務，用以降低粉絲跑單的危機。

尤其在廣告投放期間，雖設定目標連結網址在官網位置上，但大多數被觸及的受眾會先連結到粉絲專頁，查看是否為台灣正港的公司行號，還是偽裝的詐騙集團粉絲專頁。此時，粉絲專頁如有 Chatbot，即可在第一時間內回覆解答粉絲的疑惑，用 Chatbot 取得粉絲對公司的信賴，才能將此信任度轉換成購買力讓公司產生獲利。

推薦給各位 Facebook Chatbot 聊天機器人的國際團隊：

Chatfuel

https://chatfuel.com/

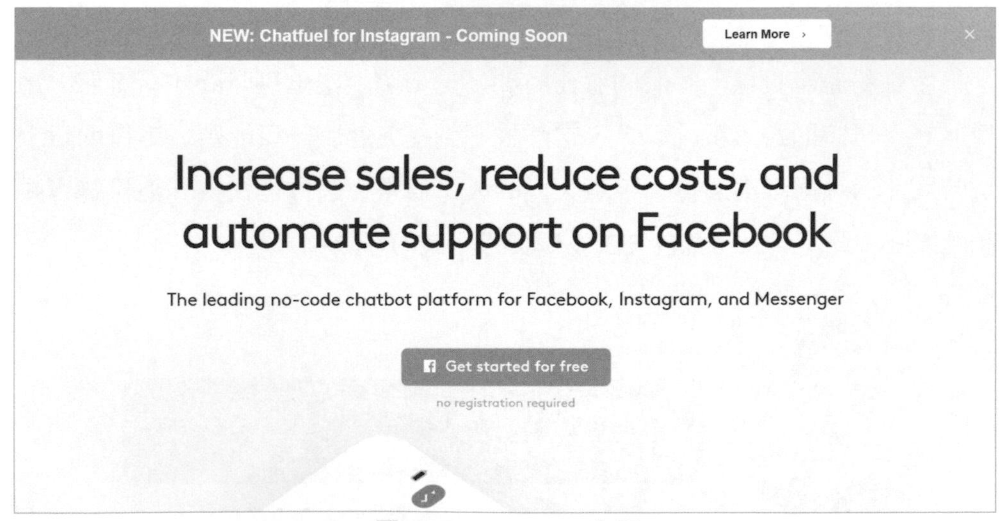

圖 10-7　Chatfuel 官網

ManyChat

https://manychat.com/

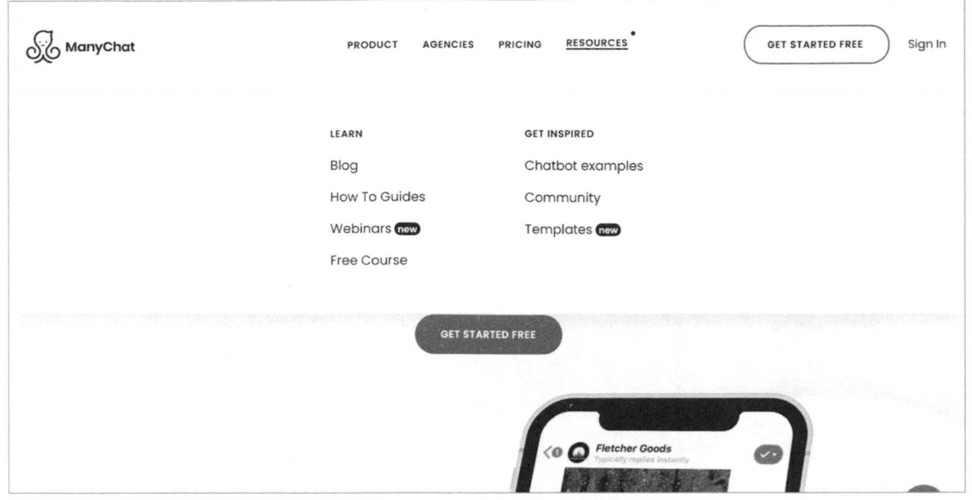

圖 10-8　ManyChat 官網

三、延伸粉絲專頁

延伸粉絲專頁是關鍵字往上提一階完整發散後，所產生多元化拓展奶粉市場的利器。母嬰關鍵字發散產生主要的 26 組關鍵字，在經同屬性歸納之後，劃分成 8 個延伸粉絲專頁。

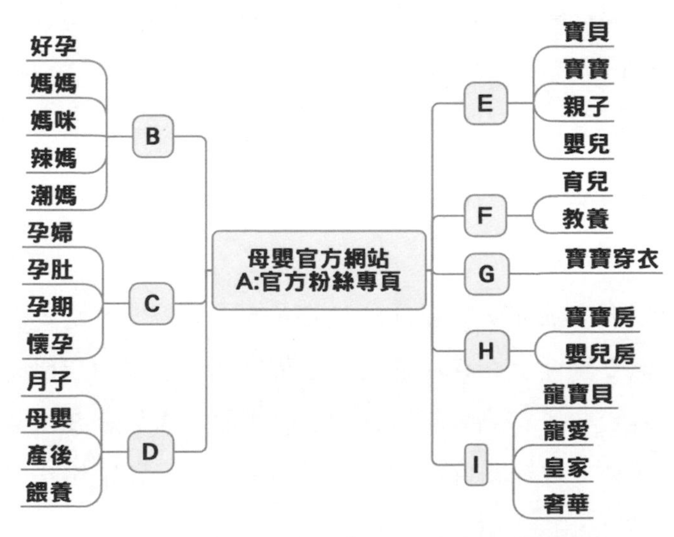

圖 10-9 26　組關鍵字分成 8 個延伸粉絲專頁

A 官方粉絲專頁和延伸粉絲專頁內容方向性最大差別是，A 官方粉絲專頁是鎖定母嬰議題，而延伸粉絲專頁是在往上擴展成更多元化的內容。但 B 至 I 個別的延伸粉絲專頁，則分別各自鎖定在特定類別裡，彼此壁壘分明，可以各自為政，也可以相互合作。

延伸粉絲專頁的重要任務，是要擔負推廣A官網和官方粉絲專頁。

因此，平日除了張貼所分配類別的有價值內容之外，還需進行內容整合，必須做到『A+B>AB』。也就是說在內容產出上，還需將 A 官方粉絲專頁的內容和本身類別的內容再加以組合和包裝，才能張貼在延伸粉絲專頁裡。

所謂 A+B>AB：

1. 既是『A 官方粉絲專頁』+『B 延伸粉絲專頁』。
2. 也等於是『A 關鍵字類別（母嬰）』+『B 關鍵字類別（好孕、媽媽、媽咪、辣媽和潮媽）』。

B 延伸粉絲專頁要站在 B 類別的角度，將 A 內容再加工，或是將 A 內容以 B 人物設定的背景資料重新改寫和組合，但整篇內容能保有原本 A 的精神和方向。

因此，可以把 B 延伸粉絲專頁當作是 A 的頭號粉絲，是 B 主動為 A 做此宣傳和推廣，但 B 表面上非 A 所擁有，是獨立個體，擁有自己的粉絲群。由於 B 延伸粉絲專頁少了官網較為嚴謹的遣詞用語，再加上 B 帳號人物的個人特色、風格、興趣、愛好和特殊遣詞用語的誘導下，通常粉絲成長速度會快過 A 官方粉絲專頁。

依據上述 A+B>AB 的模式，請如法炮製持續往下完成 A+C>AC、…、A+I>AI，每個延伸粉絲專頁和 A 官方粉絲專頁之間，都是以此概念方式去進行。

總和上述內容，延伸粉絲專頁平日每次張貼 2 筆內容，一筆是所分配類別的有價值內容，另一筆是『A+B』再加工的二次創作內容。

四、理清 ABC 關係

A 到 I 之間關係鏈為，A 是主；B 到 I 是從。依關鍵字 Map 發散的階層屬性來說，B 到 I 是不同枝節和類別的關鍵字，同輩不同圈子，內容當然不同。因此，在各大社群平台裡，所積累到的粉絲群，也是屬性不同的目標受眾群。

五、粉絲專頁貼文分享模式

A 官方粉絲專頁貼文分享到 B 至 I 延伸粉絲專頁的模式：A 粉絲專頁貼文不能直接分享到 B 至 I 延伸粉絲專頁裡，都必須以各延伸粉絲專頁所分配到類別的角度，再加工過的內容，才能分享到延伸粉絲專頁上。

B 至 I 延伸粉絲專頁裡的貼文，都能直接分享到 B 至 I 的私人帳號裡；但是請記得 A 官方粉絲專頁的貼文，絕不直接分享 B 至 I 的私人帳號裡。

六、忠實粉絲基本盤

無論是 A 官方粉絲或 B 至 I 延伸粉絲專頁，都需搭配搖旗吶喊的死忠擁護者，這些帳號要涵蓋各種社會階層的人物來進行角色扮演。

由於主要行銷推廣都是由 B 至 I 延伸粉絲專頁著手，因此，必須分配較多帳號給延伸粉絲專頁，A 官方粉絲專頁是發佈正式貼文，相對找碴的人數和人次會少很多，所以可以配給較少的帳號，通常需配置產業專業人士的帳號。

如：總數有 100 筆帳號，A 配發 5 筆帳號（共 6 筆），B 至 I 每個粉絲專頁分配 10 筆帳號（共 88 筆），剩下的 6 筆帳號，則用來到處趴趴走串門子使用。

小編要使用Excel詳實記錄下帳號各自的歸屬。

因此，在前面口袋名單的章節裡，必須清楚標示，使用哪些帳號建立延伸粉絲專頁？哪些帳號是歸屬在誰粉絲專頁下的忠實粉絲群？哪些帳號是用來到處串門子？小編必須使用 Excel 詳實記錄下來。

七、延伸粉絲專頁遞減重要性

依據 SEO 關鍵字工具所撈取到的數據資料，可以清楚得知哪些關鍵字熱門度較高。雖然要再把所有關鍵字打散歸納到分類，同樣也可以依據每個分類裡，各關鍵字熱門度的平均值，來進行輕重緩急的排序。因此，字母排序越前面，其延伸粉絲專頁的重要性越高，字母越後面的粉絲專頁重要性較低。

並非每一家公司都有足夠的人力、物力和財力，將所有規劃出來的延伸粉絲專頁同步進行經營和炒作。所以需依照公司現有資源和未來成長的計畫，規劃出延伸粉絲專頁創建時間軸，在各時間點插入各字母建立時刻、所需的人員編制、行銷資源分配和廣告資金的調度等。

八、帳號炒作以延伸粉絲專頁為主

A 粉絲專頁是代表企業形象的官方粉絲專頁，B 至 I 的延伸粉絲專頁都是個別獨立個體，並不在延伸粉絲專頁裡公開與 A 粉絲專頁有任何直接關聯。帳號炒作則以個人色彩強烈的延伸粉絲專頁為主，如此一來，能有效可降低 A 官方粉絲專頁的被鎖率。

在台灣由於同行相忌，同行之間惡意檢舉相當頻繁，如讓具備網紅特質的延伸粉絲專頁去打頭陣，即可降低官方粉絲專頁被同行鎖定惡意檢舉鎖帳號的風險值。

那麼，該由哪個粉絲專頁進行廣告投放？

1. 應該要依照行銷活動的屬性內容，是哪幾個粉絲專頁的分類屬性最吻合，就選擇該粉絲專頁進行廣告投放。因此，廣告素材的製作，就需以該延伸粉絲專頁帳號的特色和風格來設計，不該和官方粉絲專頁採用同一版的廣告素材去投放。

2. 官方粉絲專頁是公告有此活動訊息，主要行銷活動炒作就交由延伸粉絲專頁進行，所以廣告投放預算調度需以延伸粉絲專頁為主，官方粉絲專頁為輔，廣告投放預算自然相對較少。

3. 無論是官方粉絲專頁的主帳號，還是延伸粉絲專頁的帳號，需使用公司相關的身分證件註冊，且各帳號都各自開啟企業管理平台帳號，分別將各自粉絲專頁納入企業管理平台管理，也各自從企業管理平台中，新增廣告帳號進行廣告投放。如此，可降低彼此間因檢舉所遭受到的連帶影響。

另外，Facebook 將從 2021 年 2 月 16 日起，執行粉絲專頁的廣告數量上限規則；廣告主規模在小型至中型粉絲專頁（過去 12 個月內，廣告花費最高月份的金額低於 10 萬美元），每月廣告數量上限為 250 則廣告。很多企業每月都是投放超過 250 則，但廣告花費遠低於 10 萬美元，對此相當頭痛不知該如何是好？

圖 10-10　粉絲專頁廣告數量上限規則

別擔心！只要將每個延伸性粉專帳號，都開通企業管理平台帳號，再將每個延伸性粉專新增至企業管理平台中，並各新增 1 組廣告帳號，每月又可再增加 250 則廣告。因此，如有 4 個延伸性粉專，那麼每個月即擁有 1000 則廣告量可進行分散帳號來投放廣告。

九、串聯延伸粉絲專頁

延伸粉絲專頁之間都是獨立個體，基本上不做任何串連，但如果希望能彼此相互協助推廣呢？

在 Facebook 是可以做到，只要使用粉絲專頁的『精選』功能，就能串聯 5 個粉絲專頁。

操作步驟：

1. 從塗鴉牆左下角『你的捷徑』，點擊要設定的『粉絲專頁名稱』。

圖 10-11　粉絲專頁名稱

2. 進入粉絲專頁之後，點擊左欄下的『設定』。

圖 10-12　設定

3. 接下來，在粉絲專頁設定中，點選左欄的『精選』選項。

圖 10-13 精選

4 右欄會顯示精選按讚的專頁面。如從沒以粉絲專頁名義對其他的粉絲專頁按讚，就會顯示如下面『你並沒有以 XXX 的名義對任何其他的專頁說讚。瞭解詳情關於對其他專頁說讚和喜愛的專頁。』的訊息，並且『新增精選專頁』鍵是灰色無法點擊。

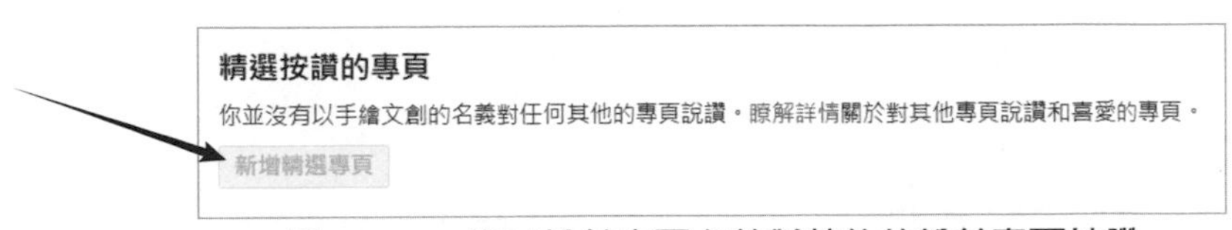

圖 10-14 沒以粉絲專頁名義對其他的粉絲專頁按讚

5 此時，只要先將想要串連的 5 個延伸粉絲專頁以『粉絲專頁的身分說讚』即可。進入延伸粉絲專頁，點擊封面右下『…』，彈出下拉選單選擇『以粉絲專頁的身分說讚』選項。

圖 10-15 以粉絲專頁的身分說讚

6 之後，會彈出以粉絲專頁的身分說讚視窗，點擊（說讚的內容會顯示在你粉絲專頁的動態時報上。你想要以哪一個粉絲專頁身分說『延伸粉絲專頁名稱』讚？）下方『Select a Page』欄位，彈出下拉選單選擇『粉絲專頁名稱』，在點擊右下『提交』鍵。

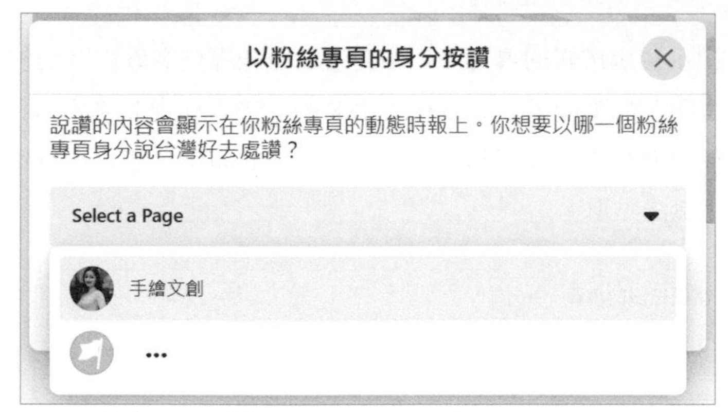

圖 10-16　Select a Page

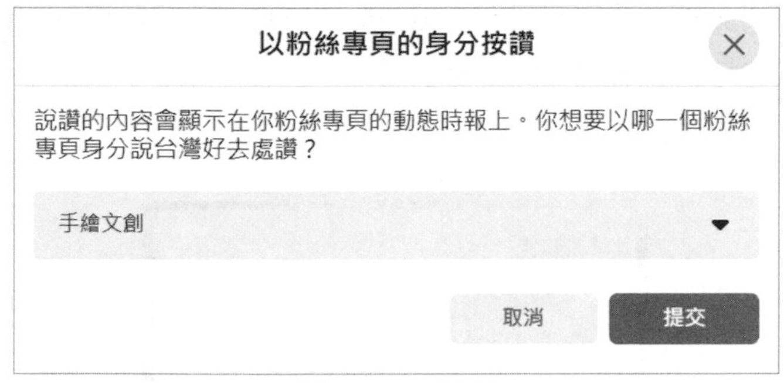

圖 10-17　提交

7 再去點擊粉絲專頁『讚』鍵。

圖 10-18　粉絲專頁已說讚

8 回到精選按讚的專頁面中，瀏覽器點擊『重新整理』頁面，就會發現『新增精選專頁』鍵是呈現黑色可以點擊。

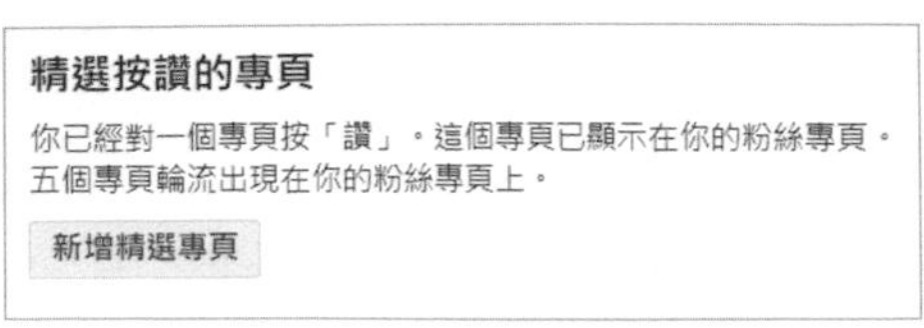

圖 10-19　新增精選專頁

9 點擊『新增精選專頁』鍵，會彈出編輯精選專頁（喜愛的專頁會出現在你的專頁左側。）的視窗。

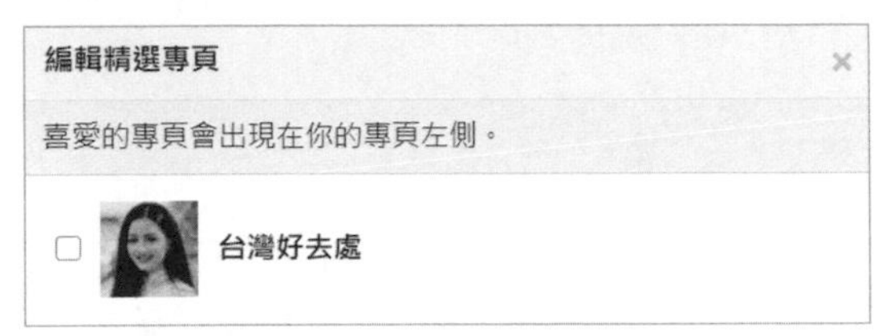

圖 10-20　編輯精選專頁

10 點選下方欲顯示的『延伸粉絲專頁名稱左方的核選鈕』，再點擊右下『儲存』鍵即可。

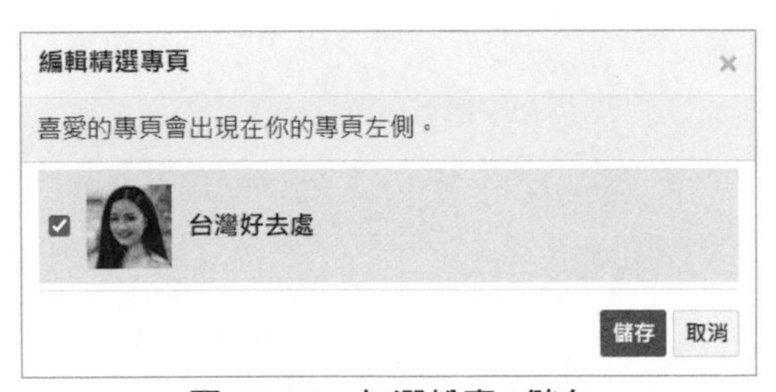

圖 10-21　勾選粉專 / 儲存

11 延伸粉絲專頁的大頭照和名稱，就會出現在粉絲專頁的左側區塊裡。

貼文發佈頻率與週期規劃

11-1 貼文發佈頻率

過去網路上常有社群經營的貼文教程，文中告訴讀者如目標受眾是白領族，需在每天上班 8 小時的期間，每 1 小時要發佈 1 則貼文。

其實這種說法是錯誤，因為：

一、瀏覽粉絲專頁時間有限制

不是所有白領族在上班時間，每小時都能上粉絲專頁一回，甚至有些公司是嚴禁上班期間上社群平台。

二、受眾上網時間有特定時段

大部分受眾是利用上下班的交通時段、午餐和晚餐的用餐前後、8 點檔結束後和 10-11 點（黃金時段）睡前的時間上網。

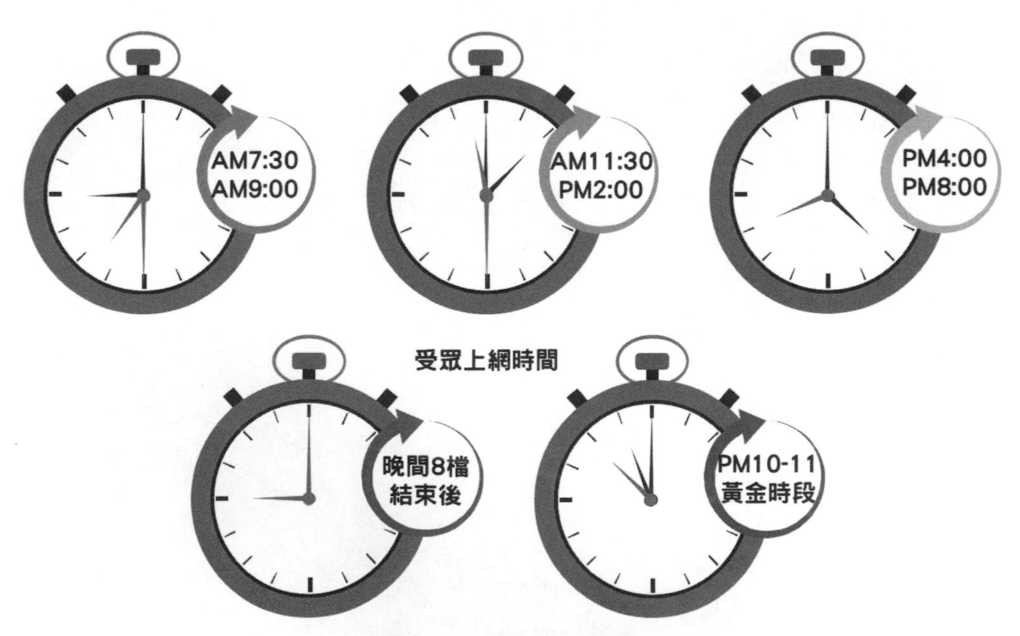

圖 11-1 受眾上網時間

三、後發佈的貼文會壓蓋先發佈的貼文

每天發佈8則貼文的缺點，是後面的貼文會蓋掉前面的貼文！

每天發佈 8 則貼文的話，後面貼文會蓋掉前面的貼文，不少粉絲並不會往下一直拉看完 8 則，通常只會隨意瀏覽最後發佈的幾則，當天最前面發佈的貼文不就白白浪費掉了。

最好發佈貼文的方式：

一、每次 2 則貼文

應該是每次 2 則貼文，一筆是所分配類別的有價值內容，另筆是『A+B>AB』再加工的二次創作內容。

圖 11-2　每次 2 則貼文

二、貼文要有『發酵期』

每個粉絲專頁並非每天都要發佈貼文，但整體粉絲專頁群，確實需要每天都有貼文的行為。

每則貼文要有『發酵期』，讓粉絲專頁裡的粉絲自然拓展。

雖然 Facebook 粉絲專頁自然觸擊率調降不到 1%，但只要粉絲專頁是發佈對粉絲有價值的內容，能滿足粉絲的需求，不少粉絲是會儲存粉絲專頁，或是在瀏覽器以書籤功能加入我的最愛，並且定期主動拜訪粉絲專頁。

圖 11-3　儲存粉絲專頁

圖 11-4　加入我的最愛

自然觸及率計算方法：

圖 11-5　自然觸及率計算範例

通常貼文自然觸擊率在社群炒家們的標準，以不投放貼文互動廣告下，每則貼文需達成 30%的自然觸擊率；如貼文能超過 50%的自然觸擊率，那麼小編所發佈貼文，不但是非常符合粉絲的胃口，而且還是相當盡責和努力的小編。

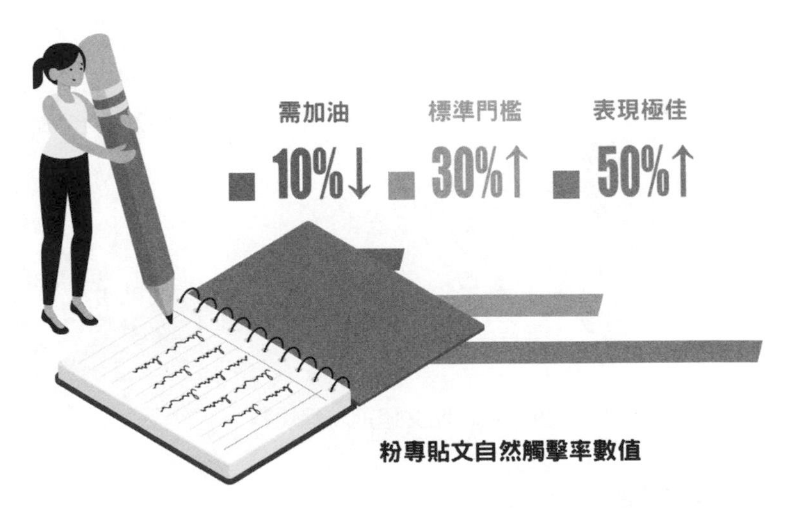

圖 11-6　粉專貼文自然觸擊率數值

三、發佈貼文最佳時間

發佈貼文的時間，應該是目標對象上網前的 1 小時發佈，之後粉絲一上網即可看見貼文。

11-2 貼文週期時程規劃

下述筆者以目標受眾為白領族群為範例，規劃 1 組小編貼文週期。

請各位讀者如法炮製，為公司的所有粉絲專頁群，規劃一版專有貼文週期。

貼文週期時程規劃

	星期一	星期二	星期三	星期四	星期五	星期六	星期日
上午 7-9點	主要延粉	官粉	主要延粉	官粉	主要延粉	私帳互動	私帳互動
午間 11-14點	次要延粉	官粉	次要延粉	官粉	次要延粉	延粉互動	延粉互動
晚間 17-19點	私帳分享	私帳分享	私帳分享	私帳分享	私帳分享	私帳分享	私帳分享

圖 11-7　貼文週期時程規劃

一、區分貼文時段

星期一到星期日 1 週 7 天，分開上午 07-09 點、中午 11-14 點和傍晚 17-19 點的不同時段來貼文。

二、各粉絲專頁顏色區別

綠色（上午）和橘色（午間）為粉絲專頁貼文，粉紫色（晚間）為私人帳號分享文。

三、官方粉絲專頁貼文時段

官方粉絲專頁是星期二和星期四共 2 日發佈貼文。

四、延伸粉絲專頁貼文時段

延伸粉絲專頁是星期一、星期三和星期五共 3 日發佈貼文。

五、私人帳分享和貼文時段

星期一到星期五傍晚時段，延伸粉絲專頁的私人帳號分享和貼文。

六、行銷帳號分享和貼文時段

星期六和星期日共 2 日，全天都是所有行銷帳號發佈貼文和分享的日子。

所有的粉絲專頁群確實需要每日都有貼文，但不是每個粉絲專頁每天發佈新貼文，而是有計畫和有自然發酵期來進行貼文。整個體系之下的粉絲專頁，小編要養成時時巡邏的好習慣；隨時去除不該出現在粉絲專頁的渣文和廣告留言，粉絲有任何回饋，都必須在第一時間內回應粉絲。

貼文內容蒐集與資料採集

12-1 多元採集資料

想要照顧好數十筆或數百筆的行銷帳號，並非是一件容易的任務。

在上述各貼文時段之外，小編得隨時養成閱讀、蒐集和採集資料的好習慣。因為撰寫和編輯貼文，以及和粉絲與好友之間的互動動作，是每天都要做的工作，只要有所怠懈，粉絲和好友就會離你遠去。

所以社群炒作對資料量的需求度是相當高，不能只在台灣熟習環境裡採集資料，必須跨出台灣在國際間多元蒐集資料。

別擔心會有多國語言能力問題，善用 Chrome 瀏覽器右鍵彈出下拉選單『翻譯成中文（繁體）』的功能，就能讓你在國際網路間到處趴趴走。

圖 12-1 翻譯成中文（繁體）

如果很講究翻譯內容的精確度，建議往中國網站逛，因為中國多年以來，是全世界出口留學生最高數量的國家，留學生們也會把世界各國看到的好資料翻譯貼回中國網站裡，如把簡體中文轉成繁體也是最接近原文意義的好方法。再者，不少歐美流行時尚等最新訊息，也是先進北京、上海和廣州，小編也可提早同業一步透過行銷帳號分享，藉以吸引粉絲和好友的青睞。

12-2 中國採集資料管道

小編除了採集台灣既有人事時地物的資料外，建議也到中國大平台，探求不同以往的新事物。如：

一、新浪微博

https://weibo.com/

圖 12-2 微博首頁

操作步驟：

1. 電腦端連結較麻煩，需翻牆到中國 IP 位置，不然只能看到較少 TW 伺服端的資訊。如改從行動端下載安裝微博應用程式，註冊帳號可用台灣手機號碼驗證，即可連結到中國伺服端看到較多的資料。但此時，若改由電腦端登入手機註冊資料後，又會跳回訊息較少的 TW 伺服端。

圖 12-3　TW 伺服端首頁

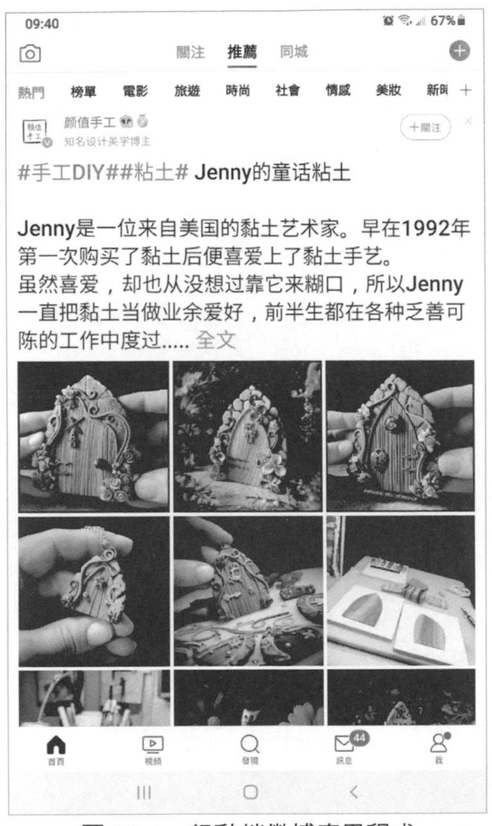

圖 12-4 行動端微博應用程式

2 筆者是翻牆之後，利用接碼平台註冊成中國帳號，如此一來登入帳號和密碼之後，一定是中國伺服端，從電腦端採集資料會比較方便。

圖 12-5 翻牆中國 IP 位置

3 電腦端翻牆後，進入個人帳號中，在上方導行列，點擊『發現』選項。

圖 12-6 導行列發現

4 之後，可從左欄點擊『熱門』、『頭條』、『榜單』3 選項，可看到最新訊息。

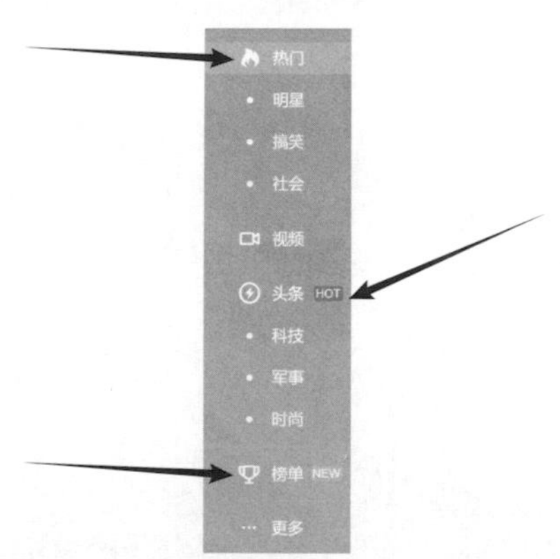

圖 12-7 熱門、頭條、榜單 3 選項

二、今日頭條

https://www.toutiao.com/

圖 12-8 今日頭條官網

今日頭條可方便多了，無論電腦端或行動端都可以連結到中國伺服端。行動端可指定的分類比電腦端多出數倍，可選擇性較高。

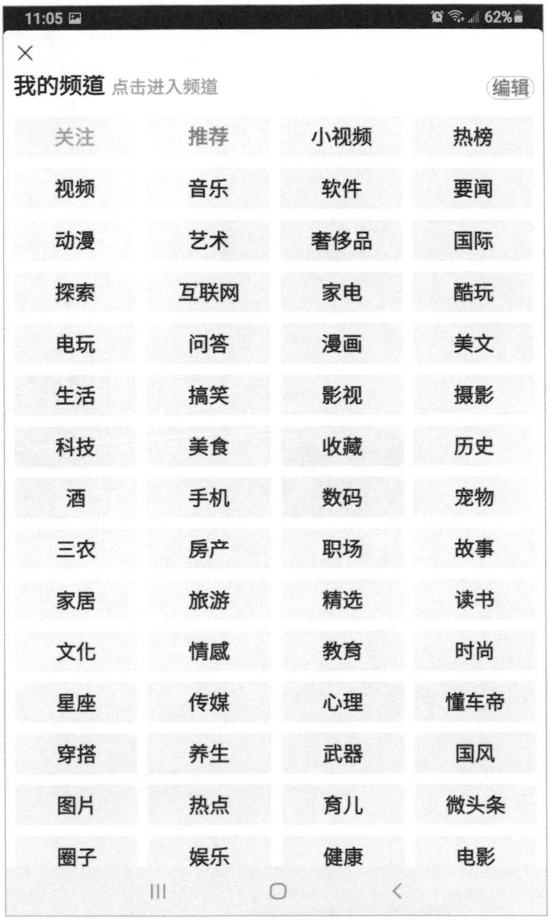

11:05 62%

我的频道 点击进入频道 编辑

关注	推荐	小视频	热榜
视频	音乐	软件	要闻
动漫	艺术	奢侈品	国际
探索	互联网	家电	酷玩
电玩	问答	漫画	美文
生活	搞笑	影视	摄影
科技	美食	收藏	历史
酒	手机	数码	宠物
三农	房产	职场	故事
家居	旅游	精选	读书
文化	情感	教育	时尚
星座	传媒	心理	懂车帝
穿搭	养生	武器	国风
图片	热点	育儿	微头条
圈子	娱乐	健康	电影

圖 12-9　今日頭條行動端分類

上述 2 個是筆者日常訪問的綜合性訊息網站外，還可以選擇：

三、騰訊

https://www.qq.com/

圖 12-10　騰訊官網

四、知乎

https://www.zhihu.com/

圖 12-11　知乎官網

五、百度新聞

http://news.baidu.com/

圖 12-12　百度新聞首頁

六、百度文庫

https://wenku.baidu.com/

圖 12-13　百度文庫首頁

1. 百度文庫雖然資料不少，但頁數較多的文檔，或質量稍好的文檔，多數都被設定成付費模式，需 VIP 帳戶才能完整閱讀。

2. 如欲免費下載各種文檔，可以考慮安裝『冰點文庫』下載器軟體，就可以自由下載百度、豆丁、暢享網、mbalib、hp009、max.book118 文庫等文檔。

七、冰點文庫官網

http://www.bingdian001.com/

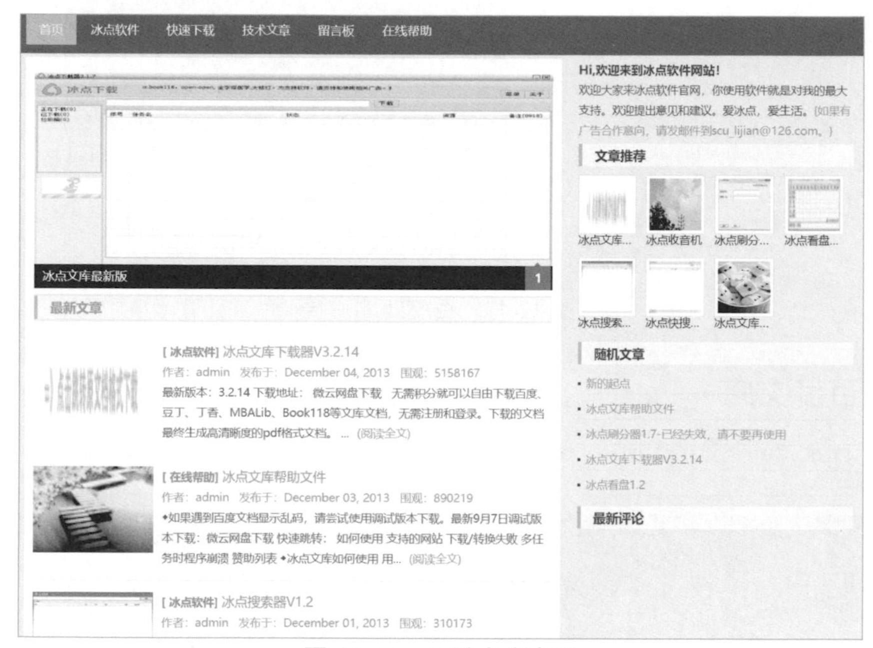

圖 12-14　冰點文庫官網

1. 請注意：冰點文庫官網台灣 IP 會顯示找不到網站的錯誤訊息頁，需翻牆使用中國 IP，才能完整顯示官網頁面。

圖 12-15　台灣 IP 找不到網站錯誤訊息頁

2 冰點文庫下載器並非大型中企所開發，建議安裝到能上網的舊電腦裡，當完成文檔下載後，先使用數個防毒軟體掃毒 (如：火絨安全軟體、360 安全衛士和 360 殺毒)，再上傳到雲端空間保存，最後分享到工作電腦裡進行編輯。

八、類似百度文庫的文檔網站

1 MBA 智庫

https://www.mbalib.com/

圖 12-16　MBA 智庫官網

❷ 道客巴巴

http://www.doc88.com/

圖 12-17　道客巴巴官網

❸ 原創力文檔

https://max.book118.com/

圖 12-18　原創力文檔官網

4 暢享網

http://www.vsharing.com/

圖 12-19　暢享網官網

5 豆丁網

http://www.docin.com/

圖 12-20　豆丁網官網

6 雲之庫

http://yzs16.jysjian.com/

云之库纯净导航-汇集全网优质网址及资源

网络搜索 输入内容，百度搜索！ 百度搜索

谷歌搜索 学术搜索 必应搜索 百度搜索 好搜搜索 搜狗搜索 淘宝搜索 天猫搜索 京东搜索 网盘搜索 代码搜索

常用网站	国内常用	国外常用	电子邮箱	网络存储	独立博客	网络社区			
新浪	腾讯	搜狐	网易	豆瓣	知乎	简书	淘宝	天猫	京东商城
新浪微博	腾讯微博	凤凰网	凤凰资讯	今日头条	一点资讯	中关村在线	中国网	光明网	央视网
人民网	虎扑体育	世纪佳缘	汽车之家	易车	北青网	中国青年网	宝宝树	妈妈网	环球网
携程旅行	去哪儿网	红网	硅谷动力	寻医问药	丁香园	博客园	财经网	未来网	糗事百科

网络服务	常用服务	招聘平台	网上银行	网络支付	投资理财				
云之库服务	小六子文库	云之库解析	日历查询	快递查询	计算器	下厨房	好豆网	列车时刻表	北京时间
网址缩短	网址还原	高德地图	图吧	空气质量	微博搜索	汇率查询	电话查询	邮编查询	备案查询
彩票查询	列表网	简繁转换	IP 查询	历史今日	太空射击	天眼查	格式转换	西贴	学历查询
新华字典	大写转换	公交查询	地铁查询	火车查询	机票查询	酒店查询	12306	电信测速	邮编查询

圖 12-21　雲之庫官網

十、百度雲盤

有不少網友會把相關聯文檔整理打包成壓檔案（.zip 和 .rar），並且存放在百度雲盤裡；甚至還有數十個專門撈取百度雲盤檔案的搜尋引擎。

直接使用台灣IP位置，無法連結百度雲盤裡的檔案！

但直接使用台灣 IP 位置，點擊百度雲盤檔案的超連結時，會出現找不到檔案 404 的錯誤訊息頁。此時需使用翻牆工具，進入中國 IP 位置，才能正確顯示檔案下載位置和正常的操作畫面。

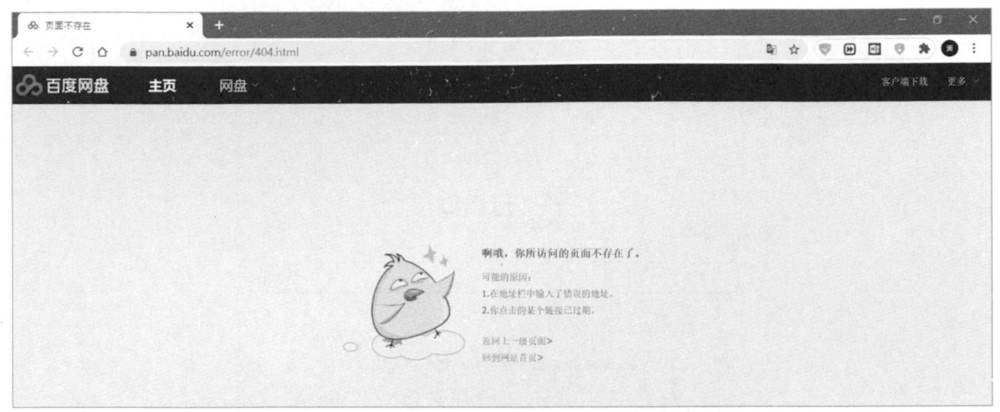

圖 12-22　台灣 IP 找不到檔案 404 錯誤訊息頁

以下先推薦幾個百度網盤的搜尋引擎，台灣 IP 可直接連結使用，之後再講解翻牆進入中國 IP 的加速器工具：

❶ 搜百度盤

https://www.sobaidupan.com/

圖 12-23　搜百度盤官網

❷ 雲盤狗 - 百度雲網盤搜索

http://www.yunpangou.com/

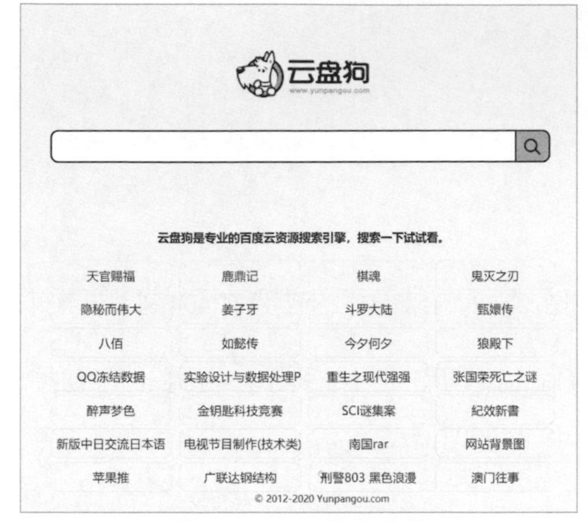

圖 12-24　雲盤狗官網

❸ 58 網盤搜索

https://www.58wangpan.com/

圖 12-25　58 網盤搜索官網

4 資源搜索

http://magnet.chongbuluo.com/

圖 12-26　資源搜索官網

5 史萊姆搜索

http://slimego.cn/

圖 12-27　史萊姆搜索官網

12-3 加速器的挑選與設定

加速器是從國際網絡翻牆進入中國的VPN工具，早期名字也稱為VPN，但在2017年被禁，改名成加速器。

在搜尋引擎也可輸入『海外連中國、海外連接工具、海外翻牆…』，等關鍵字，即可出現上百款雲端服務工具。

一、挑選加速器工具注意事項

1. 每秒傳輸速率是否為高速？高速傳輸。
2. 斷線頻率是不是低斷線率？不常斷線。
3. 是否具備多服務器線路可選擇？有眾多省分縣市的 IP 位置可選擇。

國際付費型態的 VPN 工具，大多數 1 年費用在 50-30 美金之間。筆者是使用『快帆』加速器，滿足上述 3 項選擇條件，也可免費試用。

目前 1 年使用費是 365 VIP 12/ 月 288 人民幣，買 1 年再加送 1 年，平均每年 650 元台幣左右的使用費，可線上刷卡以美金為給付單位。

二、加速器設定

快帆：

https://www.speedin.com/

圖 12-28　快帆官網

操作步驟：

❶ 先到快帆官網下載安裝加速器軟體。

圖 12-29　下載安裝

2 打開快帆加速器，點擊『我的』，登入帳號密碼。

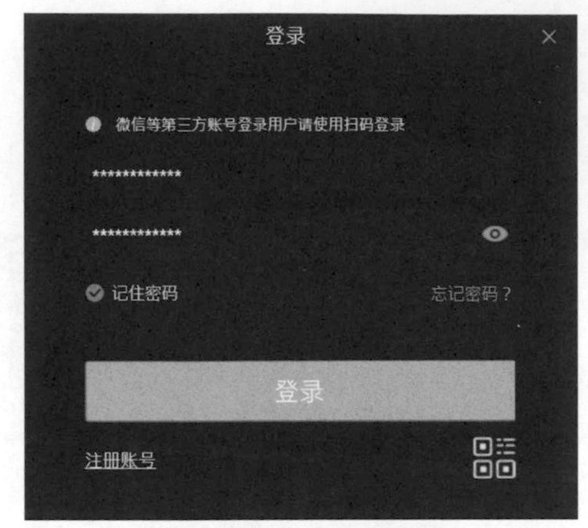

圖 12-30　登入帳密

3 點擊右下『加速模式』鍵。

圖 12-31　加速模式

4 左欄點選『全局模式』，右欄會顯示已加速應用清單。

圖 12-32　全局模式

5 點擊左上『< 加速模式』鍵，回首頁。

圖 12-33 < 加速模式

6 點擊左下『當前線路』鍵，會進入選擇線路視窗。

圖 12-34 當前線路

7 點選清單裡各縣市 IP 位置右邊核選扭，就會開始啟動連結，並顯示（正在回國…），完成連結會顯示（回國成功）。

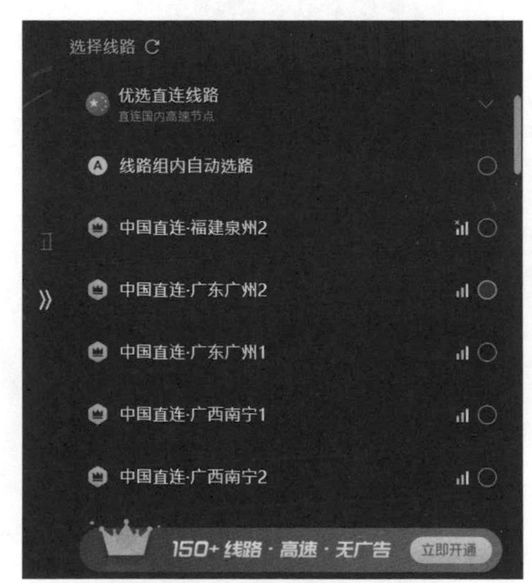

圖 12-35 選擇 IP 位置

圖 12-36 回國成功

8 如欲結束連線狀態，點擊中間『回國成功』圓形圖示，會顯示（正在斷開…），完成斷線會顯示『啟動』的圓形圖示。

圖 12-37 正在斷開

9 下回，如沒有要更換當前線路，直接點擊中間『啟動』鍵即可連結。

圖 12-38 啟動

12-4 採集資料的好幫手

方便小編進行行銷規劃和資料採集整理的好幫手，有很多好用的工具喔！

筆者推薦：Trello（線上協同專案管理平台）、Evernote（印象筆記）、MindJet(MindManager 心智圖工具) 和微軟 OneNote 共 4 套。

一、Trello

筆者首推 Trello，支援網路（網站）、安卓和 iOS 行動載具，可免費註冊使用；如欲使用超過 1 個以上的『強化功能』才需升級成付費帳號。

操作步驟：

1. 先進入 Trello 官網免費註冊帳號。

Trello：

https://trello.com/

圖 12-39 Trello 官網

2 送出資料後，需到註冊電子郵件信箱，點擊『確認您的電子郵件』鍵，才能完成註冊。

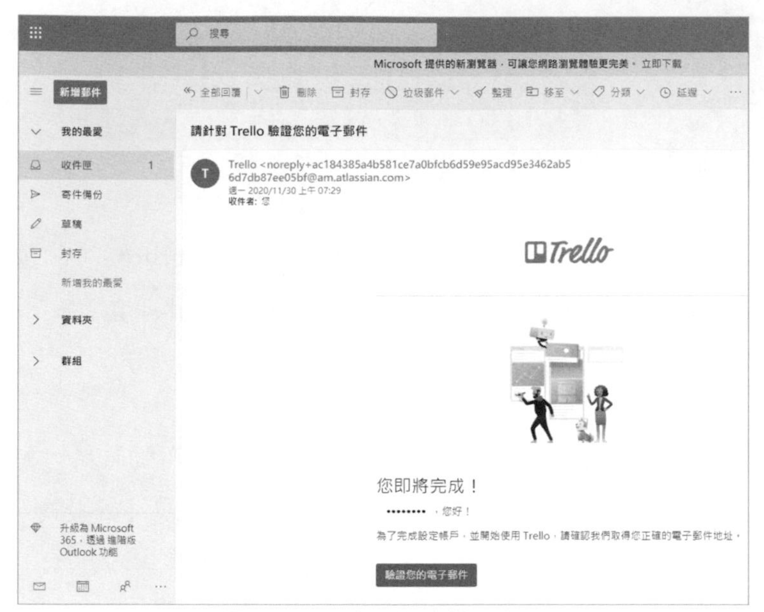

圖 12-40　確認您的電子郵件

3 之後，自動跳轉到 Trello 官網，系統會要求輸入團隊名稱和類別，請隨意輸入即可，在點選『繼續』。

圖 12-41　輸入團隊名稱和類別 / 繼續

4 接下來，點擊下方『起始無商務級』鍵。

圖 12-42　起始無商務級

5 接續，就會切入開始使用的畫面中。

圖 12-43　開始使用吧！

6 進入個人看板管理畫面後，左欄點擊『看板』。

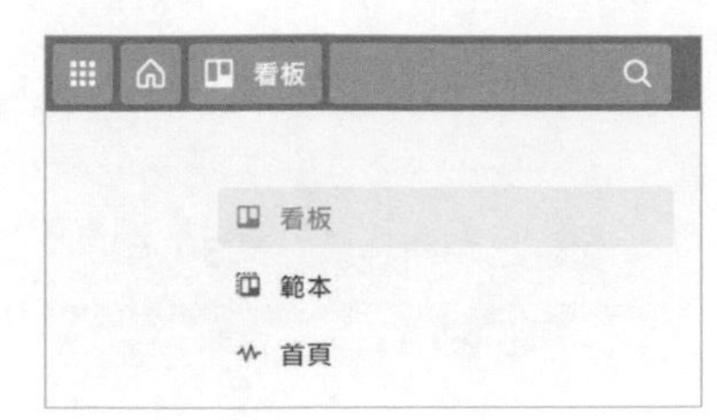

圖 12-44 看板

7 在右欄個人看板下點擊灰色矩型『建立新的看板』。

圖 12-45 建立新的看板

8 接續在彈跳視窗的上方，點擊『新增看板標題』欄，輸入看板標題名稱後，點擊左下『建立看板』，即可開啟空白的新板。

圖 12-46 新增看板標題 / 建立看板

9 點擊『+ 新增一個列表 (+ 新增其他列表)』欄位，分別輸入要採集的各資料分類名稱，直接按下『Enter』鍵或點擊左下『新增列表』即可完成。

圖 12-47 + 新增一個列表

圖 12-48　新增列表

⑩ 如列表上已經有名稱在，滑鼠點擊該名稱，呈現藍底反白字之後，在輸入新名稱即可。

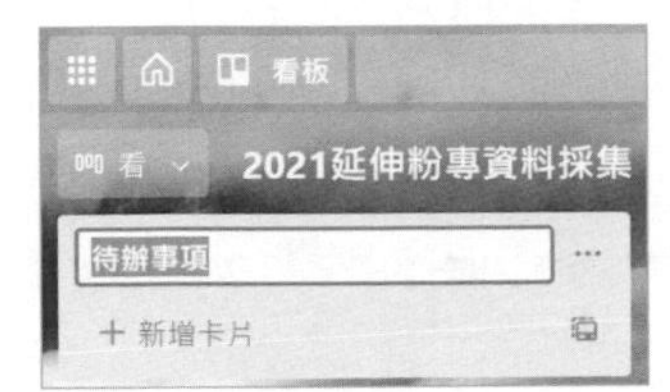

圖 12-49　藍底反白字輸入新名稱

⑪ 瀏覽器上方點擊『新分頁』，搜尋到需要採集的頁面位置。

圖 12-50　新分頁

⑫ 點選瀏覽器網址列，呈現藍底黑字，按住滑鼠左鍵不放。

圖 12-51　點網址列按住左鍵不放拖拉

⑬ 拖拉到 Trello 分頁名稱上，會繼續彈出剛所新建看板，滑鼠繼續拖拉到各分類列表左下方灰色『+ 新增卡片』或『+ 新增另一張卡片』的位置上才放開左鍵，所要採集資料摘要、原始出處的超連結或封面圖片檔案，就會自動形成新卡片儲存在該列表裡。

圖 12-52 拖拉到 + 新增卡片

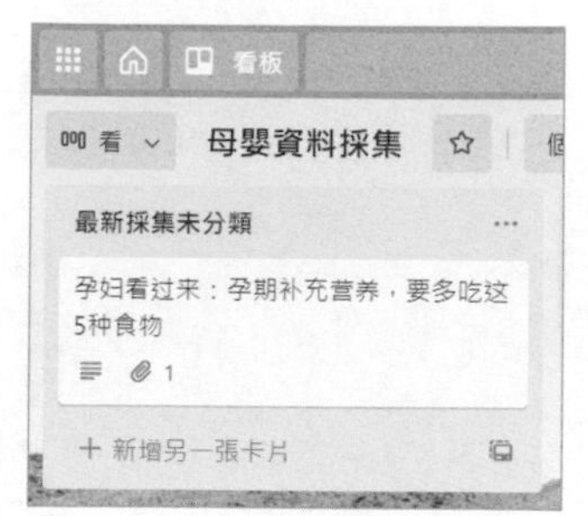

圖 12-53 自動形成新卡片

⑭ 點擊卡片，進入卡片裡，在點擊上方『編輯』，即可編輯卡片裡的內容，可將內容重新編寫成日後轉貼到社群平台的版本。

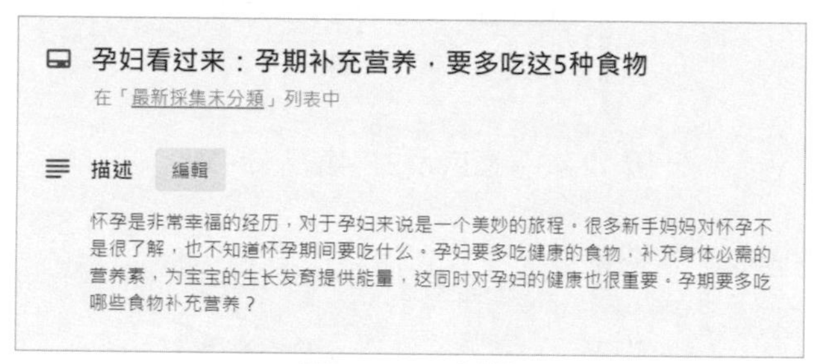

圖 12-54 編輯

⑮ Trello 還可以建立團隊，把公司所有小編納入團隊中，各小編就可以在看板裡一起維護、採集和分享資料。點擊上方『個人』鍵，可彈出『建立團隊』視窗。

圖 12-55 建立團隊

⑯ 新開帳號者，一進入 Trello 即有建立團隊名稱，點擊『團隊名稱』鍵，即可進入設定團隊。

圖 12-56　設定團隊

二、MindJet

MindJet 資料採集方式：

❶ 類似 Trello 點瀏覽器網址列，再按住滑鼠左鍵拖拉回 MindJet 發散的枝節之後，在放開滑鼠，即可在枝節上產生該頁面的標題和超連結。

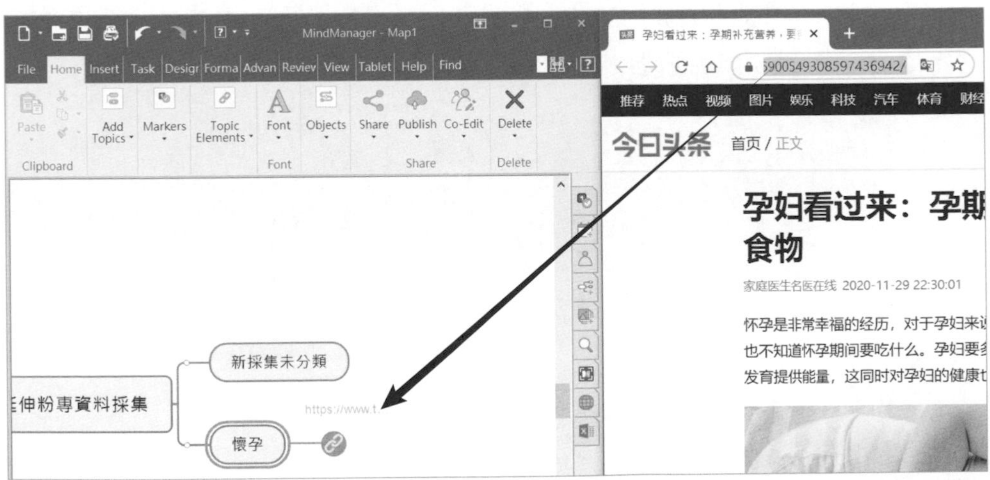

圖 12-57　點網址列按住拖拉枝節後

2 點擊標題枝節後方超連結圖示，即可在右下方開啟 MindJet 瀏覽視窗。

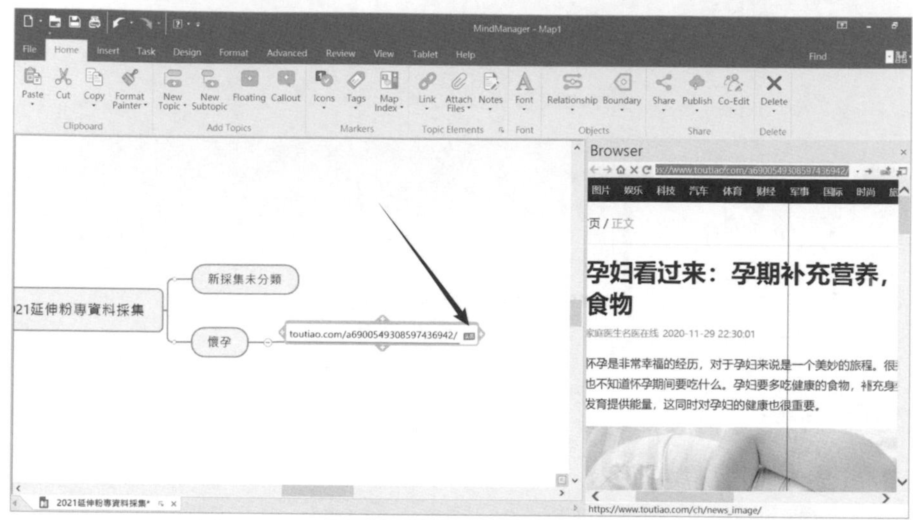

圖 12-58 點超連結圖示開啟 MindJet 瀏覽視窗

3 如需備份原始文檔內容，可以先拷貝 (Ctrl+C) 頁面的內容，在使用 MindJet 的『Note』功能，將該內容貼入 (Ctrl+V) Note 裡；缺點就是多了幾個手續才能搞定備份原始文檔內容。

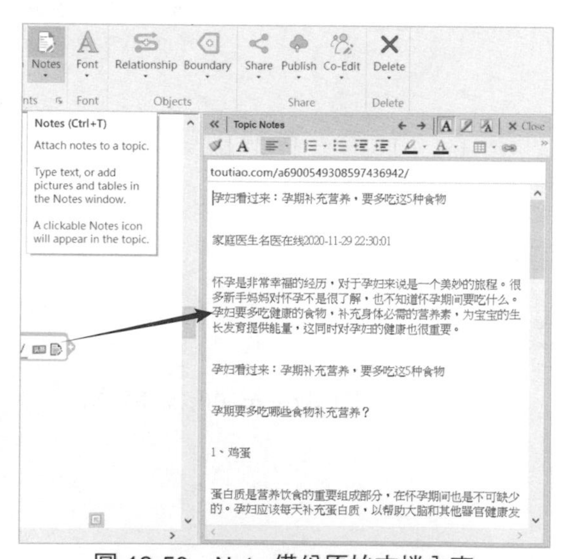

圖 12-59 Note 備份原始文檔內容

MindJet：

https://www.mindmanager.com/

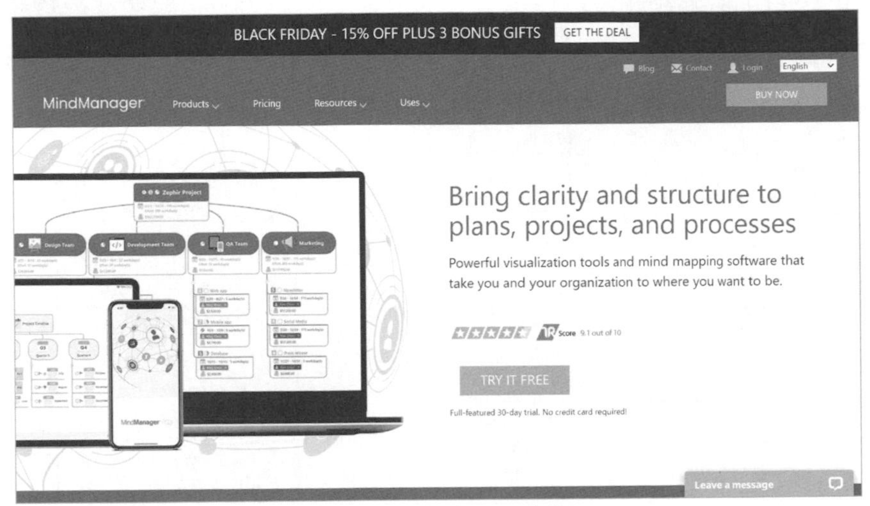

圖 12-60　MindJet 官網

三、Evernote

使用 Evernote（印象筆記）Chrome 的 Evernote Web Clipper 擴展功能，能讓小編在瀏覽頁面時，可指定剪裁完整網頁、僅剪裁選取的部分，或剪裁簡化的文章，簡化資料採集的步驟可輕鬆搞定炒作社群所需內容。

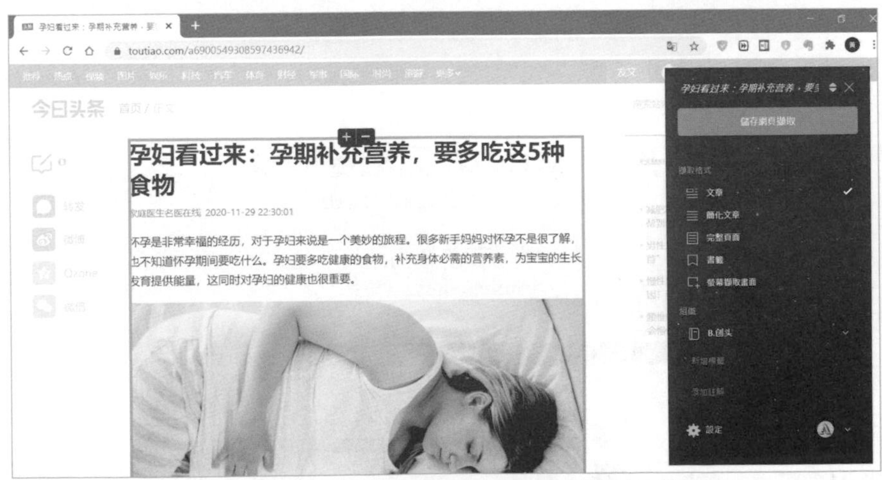

圖 12-61　Evernote Web Clipper 擴展功能

Evernote 小缺點是免費入門版，記事大小限制 25MB 和每月上載限額 60MB，這對炒家來說實在太小一下子就會用爆；得改使用企業版 360 元 / 月，20GB 的每月上載限額和每位使用者個別上載限額 2GB。小編在進行資料採集時，不會單純只採集純文字，難免會有大尺寸影像和影片檔案需要保存，每月上載限額 2GB 恐怕也會有撐爆的窘況。

圖 12-62　Evernote 各方案比較

Evernote 官網：

https://evernote.com/

圖 12-63　Evernote 官網

四、 OneNote

小編還可選擇微軟 OneNote 軟體搭配 OneDrive1-5TB 雲端儲存空間的方案：

操作步驟：

1. 先安裝 OneNote 軟體，或使用微軟雲端 365 的 OneNote 軟體。

圖 12-64　Office365 OneNote

2. OneNote 也有類似 Evernote Web Clipper 的擴展功能 OneNote Web Clipper，接續在 Chrome 新增 OneNote Web Clipper 擴展功能。

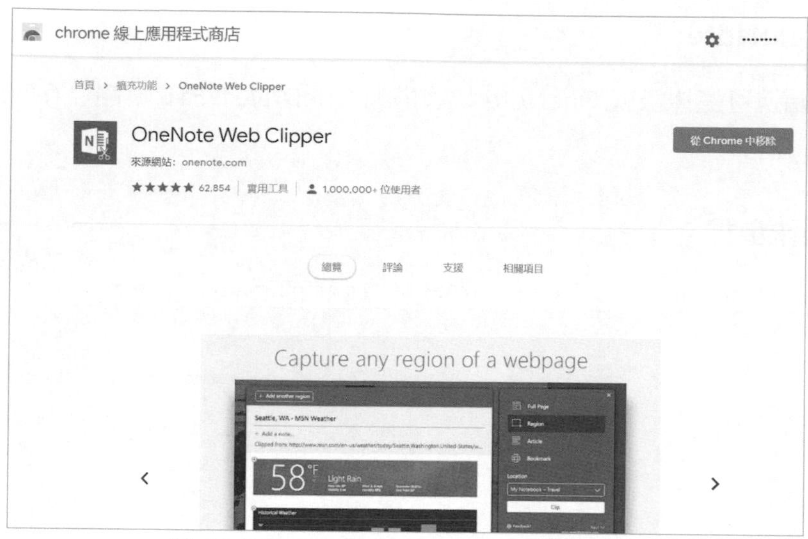

圖 12-65 OneNote Web Clipper 擴展功能

3. OneDrive 雲端儲存空間：

(1) 使用微軟正版 Office 系列軟體或 Office 365 雲端付費帳號等，可免費使用 OneDrive 1TB 雲端儲存空間。

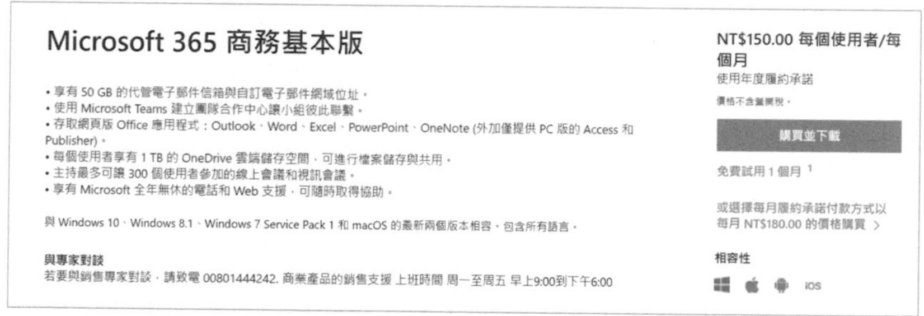

圖 12-66 付費 Office 365 免費使用 OneDrive 1TB

(2) 有的大專院校針對畢業生和校友，也會提供免費 OneDrive 1TB，不妨回學校的官網搜尋一下，說不定可以領到這 1TB 雲端儲存空間。

圖 12-67　元智大學校友可領 1TB 雲端儲存空間

(3) 網際網路上也有網友傳授，如何申請免費 OneDrive 5TB 雲端儲存空間的步驟流程，只要搜尋引擎輸入『免費 OneDrive 5TB 申請』的關鍵字，即可看到相關教程的超連結。但此法非長久之計，因為該帳號很有可能被原單位取消使用權的問題；不過如是採集該週或近程就會使用到的資料，也不考慮長久保存檔案的話，還是可以申請使用。

圖 12-68　免費 OneDrive 5TB 申請關鍵字

4 進入雲端的 OneNote，輸入帳號和密碼。

圖 12-69　登入 OneNote 帳號密碼

❺ 點擊『+ 新增』，彈出下拉選擇『OneNote 筆記本』。

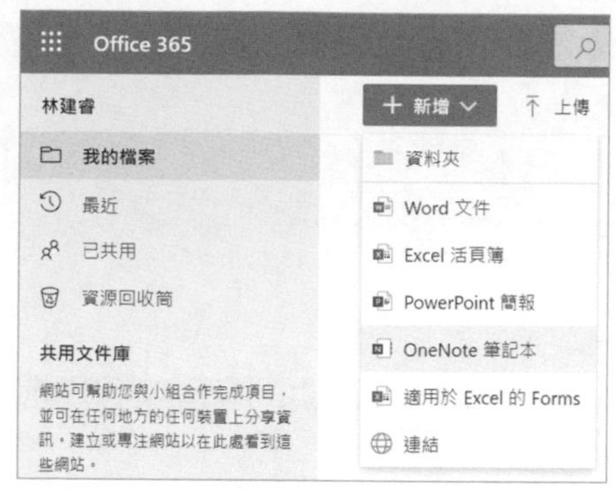

圖 12-70　新增 OneNote 筆記本

❻ 在彈出 OneNote 筆記本視窗，輸入筆記本名稱之後，點擊『建立』鍵。

圖 12-71　建立筆記本

❼ 左欄點擊『導覽』的圖示，可彈出和隱蔽左邊視窗。

圖 12-72　導覽圖示

❽ 在『未命名節』點擊滑鼠右鍵，彈出下拉選單，點選『重新命名節』。

圖 12-73　重新命名節

❾ 接續彈出節名稱的視窗，輸入節名稱欄位下『輸入新名稱』，之後點擊『確定』。

圖 12-74　完成節名稱修改

❿ 在節名稱後方，按下滑鼠右鍵，彈出下拉選單，點選『新增節』，或點擊下方『新增節』鍵，等於可以新增分類。

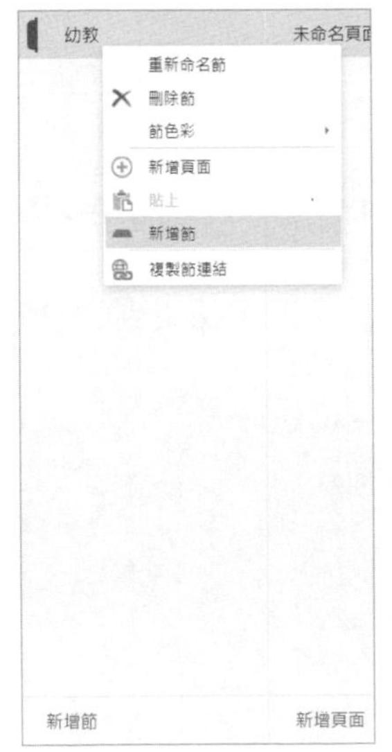

圖 12-75　新增節

⓫ 接續彈出節名稱的視窗，輸入節名稱欄位下『輸入名稱』，之後點擊『確定』。

圖 12-76　輸入節名稱

⑫ 之後可在節名稱後方，按下滑鼠右鍵，彈出下拉點選『節色彩』，在點選『顏色』，可改變節左邊的色彩標籤。

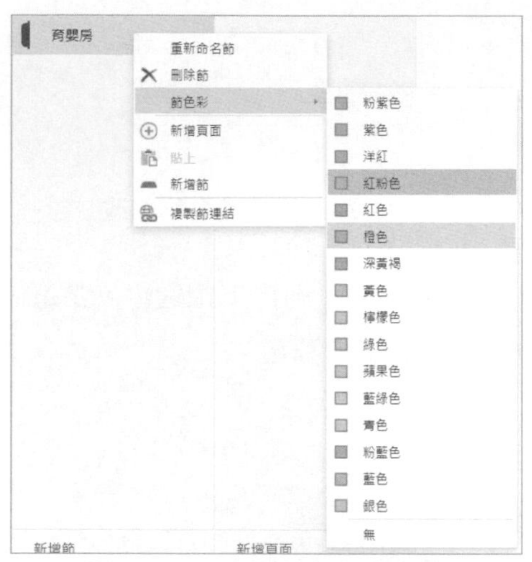

圖 12-77　改變節的色彩標籤

⑬ 在節右邊是頁面清單欄位，會顯示採集到的頁面標題清單。

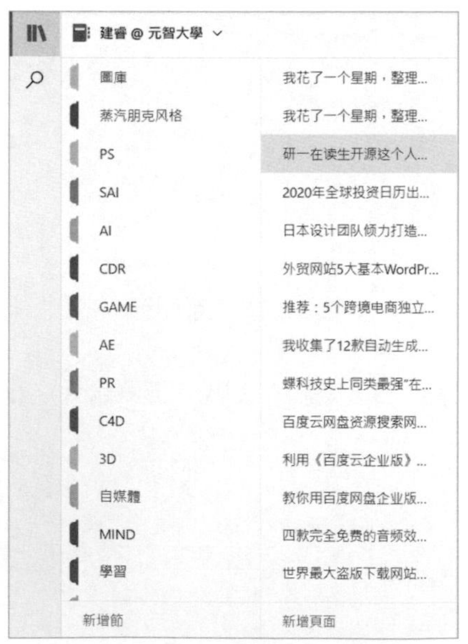

圖 12-78　節右邊是頁面清單欄位

⑭ 打開瀏覽器，搜尋找到想採集的資料頁面，點擊右上 OneNote Web Clipper 擴展功能圖示。

圖 12-79　OneNote Web Clipper 擴展功能圖示

⑮ 第一次使用 OneNote Web Clipper 會先要求輸入帳號和密碼。之後，彈跳出『整頁』、『區域』、『文章』、『書籤』和『位置』的視窗。

圖 12-80　輸入帳號和密碼

⑯ 先點選該頁面要採取『整頁』、『區域』、『文章』和『書籤』何種採集的方式。

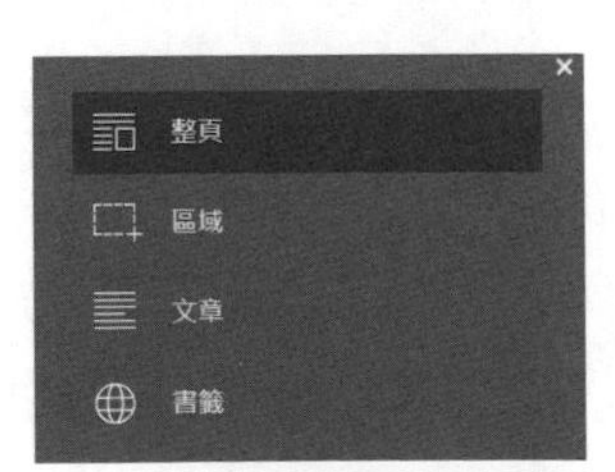

圖 12-81　整頁、區域、文章和書籤

⑰ 再點選下方『位置』，會彈出所有已建立的節，點選想儲存的『節』。

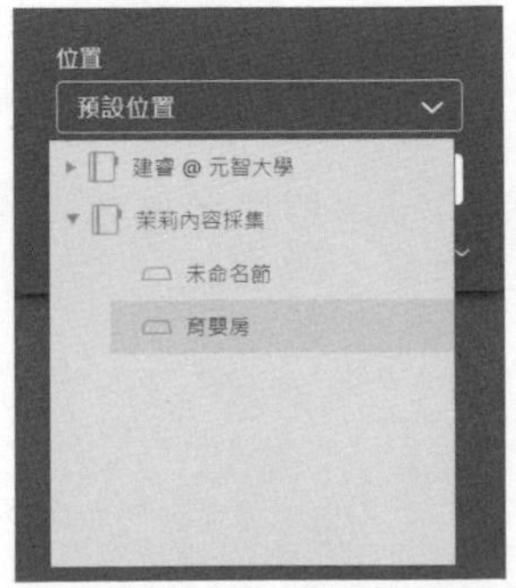

圖 12-82　選擇位置

⑱ 之後，點擊下方『剪輯』鍵，該頁面就會被剪到頁面清單的欄位裡。

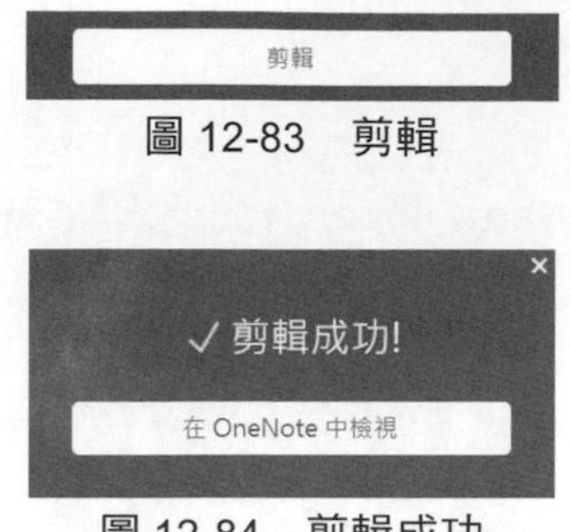

圖 12-83　剪輯

圖 12-84　剪輯成功

⑲ 記得先點擊瀏覽器『重新整理』鍵，雲端的 OneNote 頁面才會更新畫面，即可顯示剛剛所採集到的頁面清單。

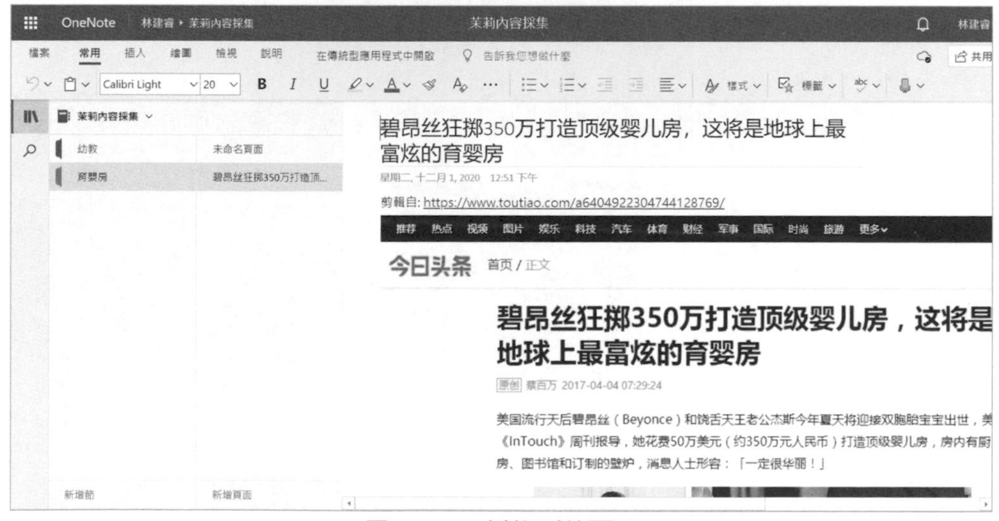

圖 12-85　採集到的頁面

⑳ 使用 OneNote 最大好處，儲存快速，無頻寬限制，再加上母校贈與 1TB 和網絡免費 5TB 儲存空間，即可不用煩惱採集資料的儲存問題，這也是筆者最常使用的方案。

13

如何突破低觸及？了解貼文權重優先顯示規則

13-1 粉絲主動數值

即是粉絲主動和粉絲專頁或 Instagram 商業帳號進行互動的數量值。如：點擊表情符號（按讚、大心、加油、哈、哇）、看貼文、點擊（…更多）、評論留言和分享到私人帳號的正面回饋數值越高，則優先向粉絲顯示該粉絲專頁或帳號的貼文內容，相對粉絲專頁帳號的權重也會有所提升。

圖 13-1 正面回饋

負面回饋也會對帳號的權重扣分喔！

請注意：當粉絲點選隱藏貼文、隱藏所有貼文、檢舉垃圾訊息、收回讚、點擊『嗚和怒』都是屬於負面回饋，這對帳號的權重也會扣分。

圖 13-2 負面回饋

負面意見

0 隱藏貼文	0 隱藏所有貼文
0 檢舉垃圾訊息	0 收回讚

報告的統計資料可能會晚於貼文中顯示的內容

圖 13-3 負面意見

13-2 好友互動數值

即是好友之間互動的數值度，互動度也等於親密度，好友之間親密度越高彼此間的訊息度也會越高，這會表現在彼此使用表情符號、留言回應、分享和生日祝福等方面。積極主動回應好友之間的任何訊息，即可有效提高彼此間的親密度，帳號間親密度越高，塗鴉牆的訊息能見度也會越高；如帳號間彼此親密度越低，在塗鴉牆裡就會較少看到對方的訊息。

Facebook 之所以會有此改變，主要是在 2018 年 3 月底，承認洩漏 5 千多萬筆資料後，調降塗鴉牆商業廣告曝光的數量，增加親密度高的好友在塗鴉牆訊息數量會越多，Facebook 發表欲找回以社交為本的初始發心之論述。

圖 13-4　Facebook 洩漏 5000 萬筆

當 Facebook 商業廣告曝光量降低，粉絲專頁貼文自然觸擊率又持續不斷減量的情況下，小編必須增加行銷帳號的好友量，以及行銷帳號好友間的親密度，才能有效增加貼文在行銷帳號好友塗鴉牆裡的曝光量。

公司只有1位小編，要如何去各好友處留言，互動增加親密度呢？

如公司只有 1 位小編，又要同時照顧幾十筆行銷帳號，每個行銷帳號的好友又有數千位，怎可能各個好友都去留言互動增加親密度呢？

其實最簡單的方法是執行最低限度互動值。只要日後有開啟任何 1 筆行銷帳號，在塗鴉牆 5-10 分鐘內，出現任何 1 則貼文都全部按讚。通知欄裡如有出現（今天是某帳號的生日，送上祝福吧！）的訊息，點擊後會進入今日壽星和最近生日的壽星和近期壽星頁面中，如先提前準備好各種生日祝福語的字串，拷貝任 1 組祝福語貼到『在他的動態時報上留言…』欄位裡，即可保持最低限度的親密度。

圖 13-5　生日通知

搜尋顧客與獲取精準好友秘訣

14-1 高強度的好友推薦

在口袋名單的章節裡，就有說明需針對每個行銷帳號的進行個人基礎資料設計，註冊帳號後則依照 Excel 初始設計內容填入各項資料。

只要初始個人基礎資料完整度高，Facebook 所推薦好友和個人資料相關聯度就會高。

如：某行銷帳號是分配為針對狗狗的寵物產品，在個人資料設計理所當然會偏向狗狗的內容居多，開始加有養狗或喜愛狗的好友之後，你將會發現 Facebook 所推薦好友絕大多數都是和狗有關的好友，鮮少會出現貓、鳥和魚的其他種寵物的好友推薦。

請記得初始好友不可亂加！

因此，需與帳號所分配屬性和關聯度高的帳號才能加為好友，之後即可獲取單一屬性高強度的好友推薦；當小編加單一屬性好友 200-500 人的基礎範圍之後，即可確保後續清一色推薦都是同屬性的好友。

Facebook 交友通知頁面

https://www.facebook.com/friends

圖 14-1　交友建議顯示

14-2　挑選轉化率高的好友

透過社群平台搜尋功能，尋找競爭對手、產業銷量高、互動高和粉絲屬性高度關聯的粉絲專頁。進入粉絲專頁後：

一、觀察十則以上的貼文

先觀察十則以上的貼文！

看看貼文發佈週期是否頻繁？粉絲互動狀況是否有人氣？是粉絲真實留言，還是有炒作過的痕跡？

如是粉絲真實留言，帳號出現的重覆率低，留言內容較為多元，留言相同重覆率也低；若是使用行銷工具所炒作，其留言內容和帳號出現的重覆度較高；點擊帳號連結過去查看個人資料，會發現大多是該粉絲專頁產品或服務的分享貼文，如在這種粉絲專頁裡挑加好友踩到地雷的比例就會很高。

二、找留言評論和分享

找有2位數以上的留言評論和分享，或是有2位數以上的互動（表情符號）貼文。

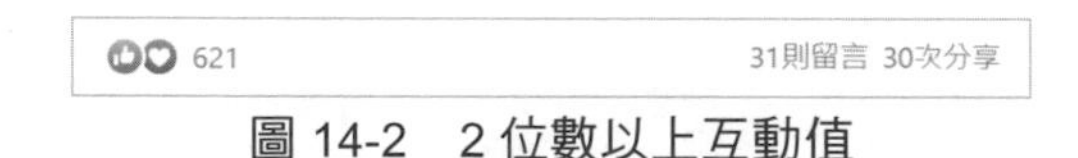

圖 14-2　2 位數以上互動值

三、貼文『? 次分享』

點擊貼文『? 次分享』的連結，會彈出（轉貼這個連結的人）帳號清單視窗，再點擊大頭照即可連結至該帳號個人資料頁。

圖 14-3　? 次分享的連結

圖 14-4　轉貼這個連結的人

四、貼文『? 則留言』

點擊貼文『? 則留言』的連結，會在貼文下方彈出留言清單，再點擊大頭照即可連結至該帳號個人資料頁。

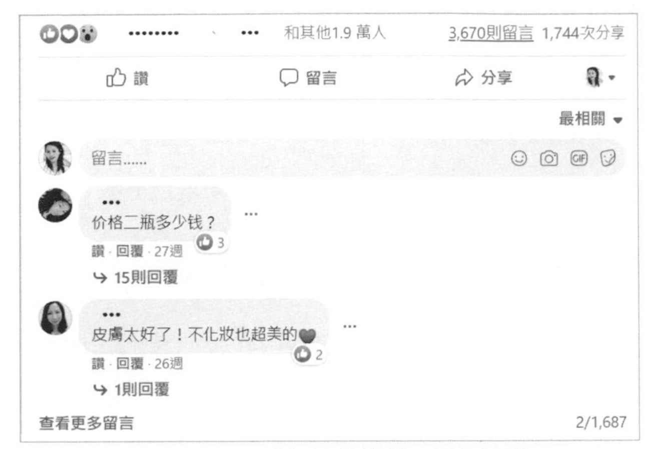

圖 14-5　? 則留言的連結 / 留言清單

五、『+ 加朋友』圖示

點擊貼文左下『表情符號』圖示的連結，會彈出按過表情符號帳號清單的視窗，每個帳號右方都會有『+ 加朋友』圖示。

圖 14-6　表情符號的連結

圖 14-7　+ 加朋友圖示

六、加好友的重要程度排序

上述三種加好友的重要程度是：『？次分享』>『？則留言』>『表情符號』。因為如能將粉絲專頁貼文分享到個人帳號裡，即可出現在該帳號好友群的塗鴉牆上，推廣粉絲專頁貼文效益是最高，所以會先加有習慣性願意主動分享貼文的帳號為好友。

加好友重要程度： 分享 > 留言 > 讚

圖 14-8　重要性：分享 > 留言 > 表情符號

七、其次加好友的選擇，是貼文留言的帳號：

1. 如貼文內容是吸引粉絲留言可以獲取某個好康的誘導式貼文，建議放棄該筆貼文。如該粉絲專頁貼文內容大多採用誘導式貼文，建議放棄整個粉絲專頁。
2. 如貼文內容屬性與行銷帳號主打分類項目高度吻合，粉絲留言是提出相關問題諮詢，且下方各留言內容的炒作痕跡極少，即可著手下一步觀察帳號和加為好友的動作。

14-3　觀察帳號

接下來是加為好友前的重要環節，小編需觀察該帳號值不值得加為好友，因為也會影響後續 Facebook 推薦好友的依據之一。

前200-500好友不能亂加，
需謹慎選擇喔！

一、觀察帳號的使用狀態

需先點選帳號，觀察帳號的使用狀態，個人資料內容不公開絕對不加好友。

圖 14-9　個人資料內容不公開

二、觀察好友顯示區

如有公開好友顯示區塊，其好友數值在百來位，最好不加好友，因為該帳號很可能只加真實朋友為好友；如申請加好友被刪除機率較高。

圖 14-10　好友數值不公開

三、觀察好友數值

如好友數值在 500 以上，甚至超過千人之譜，代表這個帳號不排斥加陌生人為好友，申請加好友的成功率較高。

四、觀察個人資料貼文

接續觀察個人資料 10 則以上的貼文，如該帳號有分享轉發與行銷帳號所分配到分類屬性相關聯的貼文，當然必加為好友。

五、觀察貼文內容

如個人資料貼文內容以商品居多數，此帳號是炒作帳號的比率較高，當然不加為妙。

六、觀察貼文是否有請安和問候語？

如都是請安和問候語的貼文，這種帳號對小編來說是沒行銷效益，千萬別加為好友。

七、觀察貼文是否充滿生活照和大量自拍照？

如貼文內容清一色都是個人日常生活照和自拍大頭照，對推廣貼文來說也是不具備行銷效益，該種帳號放棄較佳。

八、觀察貼文量數量與頻率

如貼文量少，貼文不頻繁，一月一則或數月一則，這種帳號的行銷效益會很低。

九、觀察貼文互動程度

如好友區塊是不公開，則需謹慎觀察貼文內容，需查看每一個貼文互動度高不高。

1. 如互動帳號有 2 位數，通常好友總數會有數百人，若貼文內容又與行銷帳號指定分類屬性吻合度高，則可加為好友。

37	7則留言

圖 14-11 互動數值 2 位數

❷ 如貼文互動帳號若有 3 位數，通常好友數是超過千人以上，加為好友成功率會較高。

圖 14-12　互動數值 3 位數

❸ 若貼文內容互動度低，互動帳號普遍都只有個位數，好友總數推算可能只有 1-2 百人左右，建議不要加好友才是上策。

圖 14-13　互動數值個位數

十、加好友頻率

加好友不可短時間內，一直不斷執行加好友的動作，當演算法偵測到時，會被鎖定加好友功能，而且每次鎖定時間將會不斷倍增拉長。雖然還不至於被封鎖帳號，不過被鎖了幾次加好友功能後，可能會高達 6 個月，甚至 1 整年都不能再加好友。

十一、加好友方式

建議執行加好友的方式：早上到公司、午休時間、下午茶時段、傍晚下班前和晚間睡前共 5 個時段，分別加 10 位好友。如每日無法執行 5 個時段，則自行縮減次數，通常 1 個行銷帳號加近 5 千位好友的週期，是訂定 6 個月的期限，同時會有好幾個行銷帳號同步進行加好友。

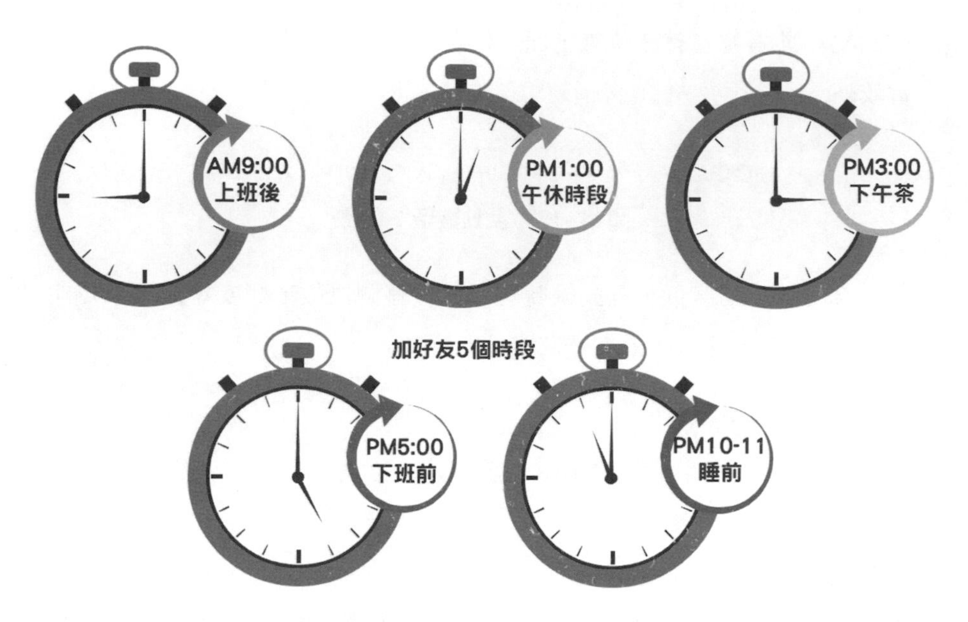

圖 14-14　加好友 5 個時段

14-4　攻佔熱門貼文加入評論

同樣需要先找到競爭對手、產業銷量高、互動高和粉類屬性高度關聯的粉絲專頁。因為台灣企業普遍喜愛投放『貼文互動』廣告，進入粉絲專頁後要尋找有 2-3 位數高互動數值的貼文，該筆很可能是有投放貼文互動廣告。

135　23則留言 1,578次分享

圖 14-15　投放貼文互動廣告

藉助競爭對手所投入的花費，借力使力來成就行銷帳號的好友量。

依照貼文內容再以行銷帳號所設定個人背景資料，去發表 50-100 字的看法；切記必須是與貼文內容相同立場的正面回應，或是更具備價值的留言內容為佳，否則會被該粉絲專頁的小編屏避和刪除掉。如此一來，就可以吸引相同看法的人，主動訪問行銷帳號的個人資料頁，甚至主動加行銷帳號為好友。

14-5 利用社團邀請功能匯整好友

不少賣家在拼命加好友之後，會利用社團封面相片右下的『+ 邀請』鍵，在彈出邀請朋友加入這個社團的視窗裡，點擊『選擇朋友』欄位，之後點選彈出下拉建議清單裡的帳戶名，最後點擊『傳送邀請』鍵，即可彙整各帳號的好友群到單一社團中。

圖 14-16　+ 邀請

圖 14-17　選擇朋友 / 傳送邀請

因此，一個社團對應一個產品類別，賣家們就會廣泛建立不同社團，以相同手法每個社團匯整數萬筆好友來販賣商品。

在 Facebook 諸多賣家是採用這種無差別廣泛大量加好友，在圈養到一個社團裡，接續進行圍殺套現的方法。但是沒妥善慎選合適自身產業的好友群，一般只能販賣大眾化的商品，雖然進入門檻低，但有競爭者多和利潤較薄的缺點，得能從工廠直接取得貨源，才能爭取到較好的獲利度。

不贊成各位小編透過這種邀請好友加入社團的方式，來匯整各個行銷帳號裡的好友群。

一般人是厭惡莫名被加入不知名的社團，早期被加入社團，塗鴉牆會立刻湧現大量賣家商業貼文，用戶們得一個個費時去取消貼文通知和點擊退出社團。

現在 Facebook 調整成收到被邀請加入某社團的通知時，是尚未立即被加入社團的狀態，塗鴉牆也不會收到該社團貼文訊息，但還是會看到某某人介紹加入某社團的通知。先前不少人處理方式是點擊通知訊息裡的『拒絕』鍵，再刪除該邀請人的好友關係；現在修改為『移除此通知、關閉這名寄件者傳送的邀請通知和向通知團隊檢舉問題』。如此一來，你就會失去這位取得不易的目標受眾，究竟筆者教各位是要精挑細選的目標受眾，而非賣家們無差別死命加滿 5000 位好友群。

圖 14-18　社團邀請通知

如真想獲得粉絲專頁和社團粉絲的資料，就必須使用國際團隊所開發專砍粉絲專頁社團的行銷工具，才能把有公開個人資料的帳號訊息下載下來，之後再以建立自訂受眾的方式上傳比對帳號資料，接續再進行該筆目標受眾群的廣告投放。

圖 14-19　Facebook Marketing Tool 關鍵字

15

粉絲專頁和行銷帳號的各項優化技巧

15-1　瞭解粉絲實際問題，提升內容價值

15-2　忌商業化貼文

15-3　規劃年度廣宣活動

15-1　瞭解粉絲實際問題，提升內容價值

不要直接分享轉貼第三方的貼文喔！

粉絲專頁貼文的類型，如是粉絲和好友間所關心的議題，以及當今社會頭條和熱點話題，此類型貼文雖然互動率高，但嚴忌直接分享轉貼第三方的貼文，應站在行銷帳號個人背景的條件上進行二次創作，否則，粉絲早就看膩相關貼文，鐵定自動無視快速跳過，哪還會有增加互動值的機會。

Google 趨勢

https://trends.google.com.tw/trends/

圖 15-1　Google 趨勢首頁

正規的貼文產出流程，應該是在粉絲專頁經營前，先做好探究顧客端的前置作業，需瞭解粉絲實際問題和真實需求，後續在採集資料時，小編才能直接命中粉絲胃口，大幅度減少時間的浪費，有效增加實質互動率。

15-2　忌商業化貼文

行銷帳號的粉絲專頁應著重帳號的個人特色和風格，忌商業貼文。

行銷帳號的粉絲專頁如大喇喇發佈商業化的貼文，通常會造成粉絲的厭惡感，取消粉絲專頁按讚是大多數粉絲的作法，如選擇『封鎖粉絲專頁』則對行銷帳號的權重傷害不小。2019 年在 YouTube 的理科太太，在業配文增量後卻引發退訂潮，在當時是相當著名的案例。

Google　理科太太 聲量 雪崩 下滑 業配

圖 15-2　Google 理科太太聲量下滑關鍵字

比較好的作法：

一、降低商業化的內容設計

平日需多關注產業動態和同行投放的廣告內容，並思考如何降低商業化的內容設計。

二、以隱喻的方式呈現商業化內容

商業化內容應以隱喻的方式來呈現，或適度崁入相關聯的少量內容，較不易引起粉絲的反感。

三、轉化成個人的興趣呈現

依行銷帳號的個人資料設計，將商品或服務轉化成個人的興趣、愛好或收藏來呈現。

四、字少圖多

貼文應採取多圖穿插文字內容編輯，且字少圖多是最佳的展示方式。

圖 15-3　字少圖多

五、加入影片內容

除了圖文內容的發佈外，也應思考進行直播，或是拍攝製作短視頻，用以吸引更多粉絲的青睞。

圖 15-4　影片內容

六、增加表情符號

文案內容除了圖文穿插之外，不妨多增加點表情符號和行動呼籲文字，這是有助於吸引粉絲目光。

emoji 表情符號網站：

Getemoji

http://getemoji.com/

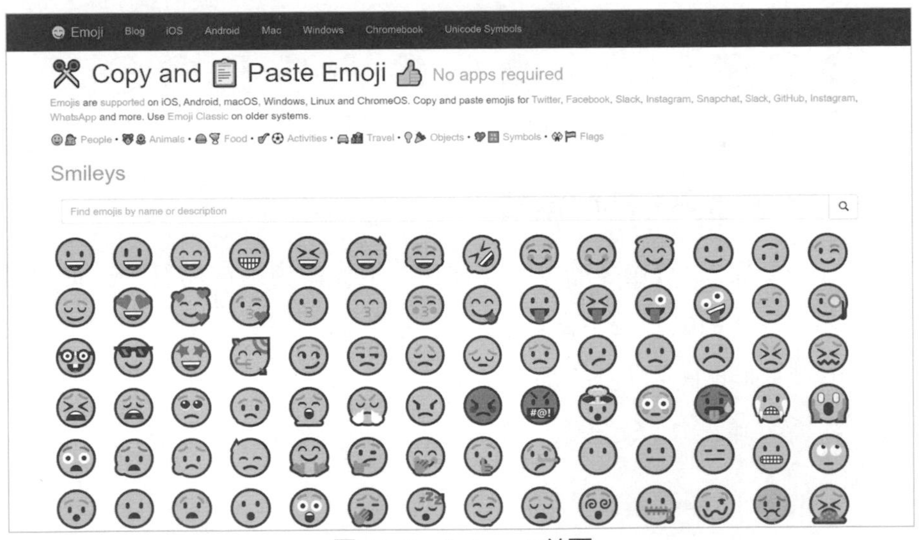

圖 15-5　Getemoji 首頁

http://classic.getemoji.com/

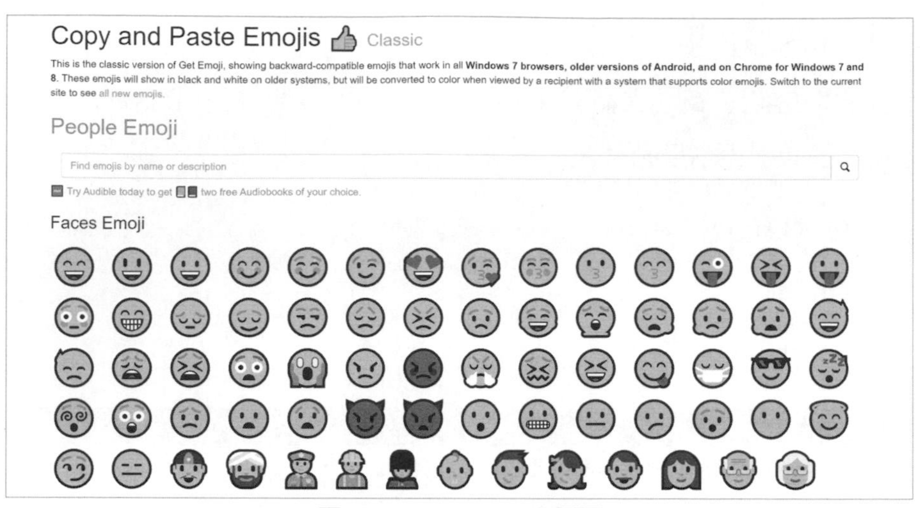

圖 15-6　Getemoji 分類頁

七、忌諱放置過多外部超連結

文案內容忌諱放置過多的外部超連結，這反而會造成粉絲不該從何選擇較佳，基本上大多數的粉絲不會點擊每 1 條超連結，一般會選擇任點 1 條試試，但很可能就點到非主要推廣的那 1 條超連結，所以必須減少外部超連結的數量，甚至只留下唯一 1 條超連結，如此聚焦導流的效果會是最佳成效！

圖 15-7　文案只留下 1 條超連結

15-3 規劃年度廣宣活動

通常打正規行銷戰會依照 24 個節氣和國定節日的時間點，來舉辦各種行銷活動，1 年最少可以推出 20-30 場次，比較勤奮的小編週週舉辦各式大小活動，1 年就會是 52 場，這也就是粉絲專頁吸粉之年度廣宣活動的行銷規劃。

Trello是個相當好用的工具喔！！

一般行銷企劃都是在每年 11-12 月著手規劃下一年度，筆者都是使用 Trello 工具來進行規劃，將各列定為活動的時間點，依序從左往右編輯排完整年度節氣和節日的日期，在把各列時間點下的卡片，寫下可舉辦的活動發想內容，無論團隊成員身在何處，都可以連線到雲端 Trello 版中共襄盛舉，提供寶貴的 Idea 儲存在各卡片裡。

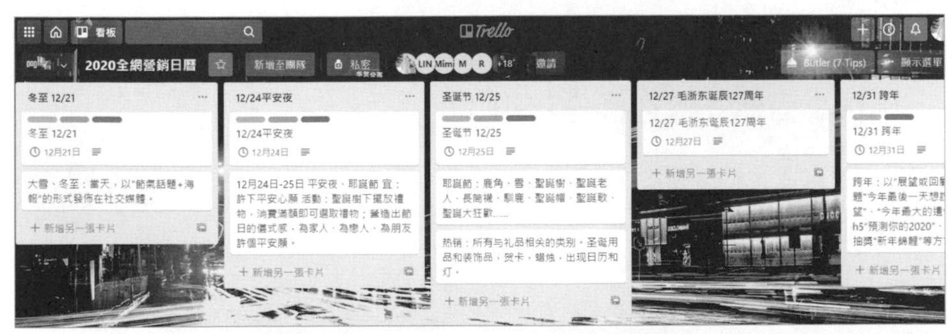

圖 15-8 Trello 2020 全網營銷日曆

先前章節已教授各位要多加善用粉絲專頁中的優惠功能來呈現行銷活動，勤給粉絲優厚的獎勵，這可是讓粉絲願意主動訪問粉絲專頁的重要動力來源。

每則貼文結尾處，必須提醒粉絲關注粉絲專頁和務必分享貼文的註腳，並且週週舉辦獎勵主動分享貼文的抽獎活動。

請注意：為規避誘導式貼文廣告的懲罰，建議讓粉絲公開分享貼文之後，傳送訊息至粉絲專頁的 Messenger 中，留言分享哪則貼文的標題，切勿直接留言在貼文下方『+1』或『已分享』。

圖 15-9　導到 Messenger 中

建議粉絲便利拜訪粉絲專頁的辦法：

一、手機桌面建立捷徑操作步驟：

1. 無論安卓或 iOS 需先複製粉絲專頁網址，每款手機略有不同，一般在粉絲專頁右上點擊『…』，

   彈出下拉點選『複製連結』，或者點擊『↗』分享圖示，彈出下拉點選『複製連結』。

圖 15-10　分享圖示

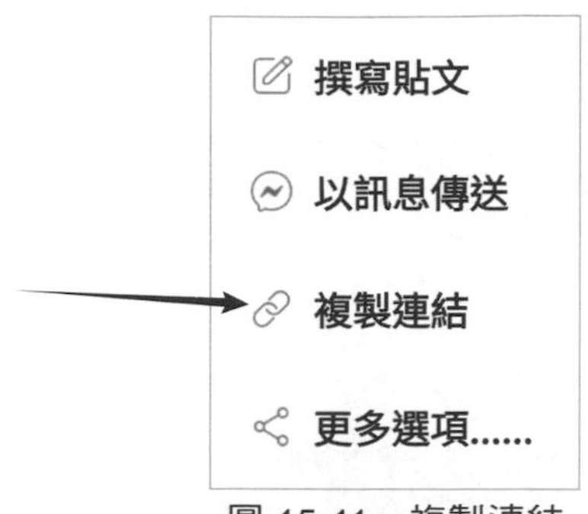

圖 15-11　複製連結

2 安卓使用者：打開手機 Chrome 應用程式，將連結貼入瀏覽器網址列中，再執行連結。

圖 15-12　Chrome 貼入網址

圖 15-13　點擊網址列

3 接續，點擊右上『…』。

圖 15-14　…更多功能

❹ 彈出下拉點選『加到主畫面』。

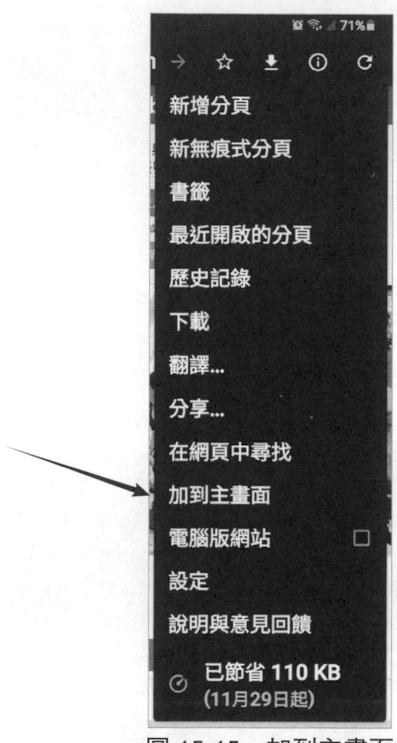

圖 15-15　加到主畫面

圖 15-16　命名 / 新增

❺ 即可在桌面產生捷徑。

圖 15-17　手機桌面產生捷徑

6. iOS 使用者：先將粉絲專頁所複製的連結，在 Safari 應用程式中開啟，點擊右上『功能鍵』圖示。彈出下拉點選『+ 加到主畫面』。

圖 15-18　功能鍵 /+ 加到主畫面

7. 在彈出粉絲專頁名稱的視窗，點右上『新增』。

圖 15-20　新增

❽ 即可在桌面產生粉絲專頁捷徑。

圖 15-20　手機桌面產生捷徑

二、電腦端操作步驟：

❶ 粉絲專頁封面右下點擊『…』圖示。

圖 15-21　…圖示

❷ 彈出下拉選項，點選『儲存』，即可將粉絲專頁加到珍藏分類，並顯示（已儲存！接下來，將它整理成珍藏分類吧！）。

圖 15-22　儲存

圖 15-23　已儲存！接下來，將它整理成珍藏分類吧！

3. 粉絲就可以在個人塗鴉牆，左欄點擊『我的珍藏』後，右欄就會出現粉絲專頁大頭貼的選單，便利粉絲訪問粉絲專頁。

圖 15-24 我的珍藏

圖 15-25　我的珍藏全部

4. 也可以比照手機桌面建立捷徑的步驟，透過瀏覽器在電腦桌面建立捷徑，或是在瀏覽器裡加入我的最愛。另外，也可在電腦桌面按下滑鼠右鍵，彈出視窗選擇『新增』，在點擊『捷徑』。

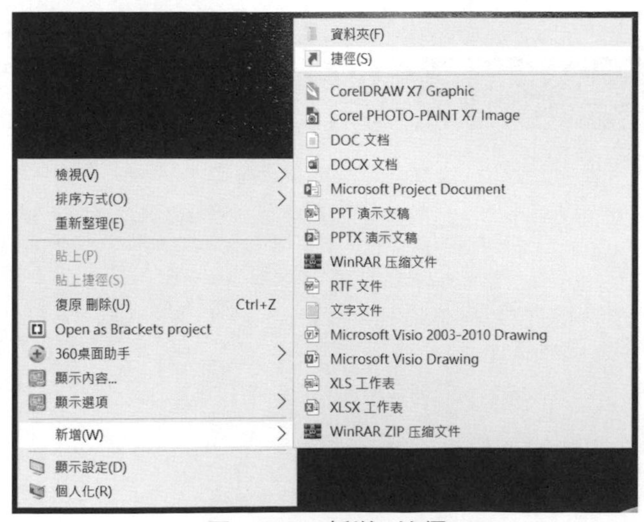

圖 15-26　新增 / 捷徑

5 之後在彈出建立捷徑視窗的輸入項目位置裡『貼入粉專網址』，在點擊『下一步』。

圖 15-27　貼入粉專網址 / 下一步

6 接續在輸入這個捷徑的名稱欄位『輸入捷徑名稱』，在點擊『完成』，即可在電腦桌面產生捷徑。

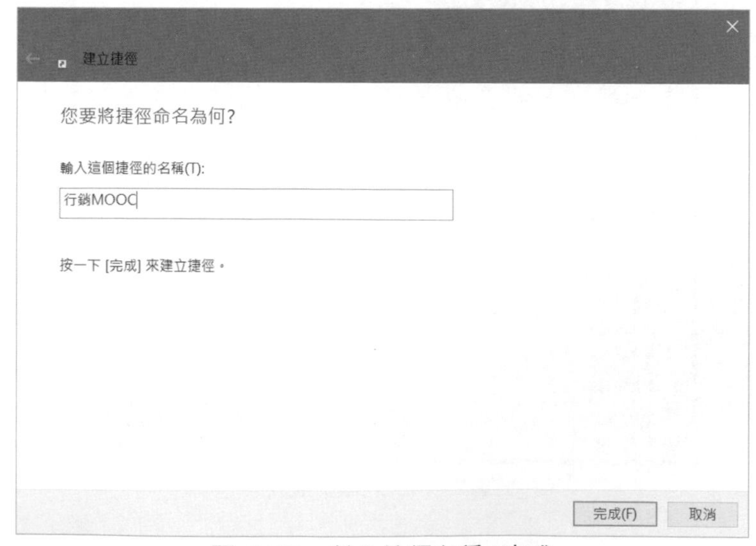

圖 15-28　輸入捷徑名稱 / 完成

圖 15-29　電腦桌面產生捷徑

Note